YI RENZHEN
NI JIU YING LE

李若辰 著

一认真你就赢了

YI RENZHEN NI JIU YING LE

接力出版社
Publishing House

图书在版编目（CIP）数据

一认真你就赢了 / 李若辰著. —2版. —南宁：接力出版社，2022.1（2025.1重印）

ISBN 978-7-5448-7268-3

Ⅰ.①一… Ⅱ.①李… Ⅲ.①成功心理-青少年读物 Ⅳ.①B848.4-49

中国版本图书馆CIP数据核字（2021）第143410号

责任编辑：袁怡黄　　美术编辑：王雪

责任校对：王蒙　　责任监印：刘宝琪

出版人：白冰　雷鸣

出版发行：接力出版社　　社址：广西南宁市园湖南路9号　　邮编：530022

电话：010-65546561（发行部）　　传真：010-65545210（发行部）

网址：http://www.jielibj.com　　电子邮箱：jieli@jielibook.com

经销：新华书店　　印制：唐山嘉德印刷有限公司

开本：880毫米×1250毫米　1/32　　印张：9.375　　字数：180千字

版次：2014年11月第1版　2022年1月第2版　　印次：2025年1月第10次印刷

印数：78 001—83 000册　　定价：45.00元

给中学生的智慧之书

——评青春励志书《一认真你就赢了》

曹文轩

《一认真你就赢了》是一部成长类的书，归入励志类没问题，但是我觉得放在成长类名下更合适。这样的书已经成为一种类型，有写小学生活的，有写高中生活的，更有写留学生活的。去年4月我就曾经参加过一个新书发布会，是关于诗人王小妮和她女儿共同写的《斑斑加油》的。处在成长阶段的人就中国而言数字庞大，因此，这类书往往被很多家长和孩子注意，加之中国人对下一代成长全心全意、聚精会神的关注，此类书常常风靡。还记得当年《哈佛女孩刘亦婷》这一类书的风行，相对于那些将重心压在主人公辉煌升学史上的书，我更喜欢若辰的《一认真你就赢了》。

虽然日后李若辰也成为名校的一分子了，但这本书的重心显然不在她对成功的炫耀上，她写的是她的成长过程、奋斗过程，并没有想将独特的成长过程作为样本、作为可仿效的范例推荐给成千上万希望获得成功的孩子和望子成龙的家长，她只是回顾了一段学习史、考试史、奋斗史、成长史。李若辰很诚实，将一个真实的“我”显示在她的书里，不美化自己、不抬高自己，承认懒惰、承认自己的小小心机、承认一个孩子的欲望。而我自己欣赏的是，她算得上是一个智慧的女孩，这个女孩既有个性，又不无节制地张扬个性。不是一个乖乖女，但也不是一个问题女孩、状态女孩。她知道妥协，知道放弃僵直而机械的无效对抗，而这一点是我最欣赏的。我看过太多她们这一代人的文章，都是跟这个时代横眉冷对的，字里行间都是对这个时代，特别是对这个教育制度的愤恨，一副愤青的架势。唯独他们是正确的，他们应当是这个制度的掘墓人。要么就是一副痞子样，玩世不恭，调侃老师、调侃学业，调侃他周围所有的人。这些文字秋意浓重，竟无一丝少年的天真与阳光。

这个世界上果真有尽善尽美的教育制度吗？美国、欧洲的教育制度就那么无可挑剔、可以带人去天堂吗？色情、暴力连在一起的校园枪击也算是这种教育制度的涌潮吗？我一直怀疑中国某些教育思想家们对中国教育和西方教育的描述与判断，这些思想家俨然一副现代教育理念发言人形象，在猛烈攻击中国教育的同时，顺便主观地美化了西方教育。中国教育被描述成是专制的、压抑的、违背人性的，因而是落后的，应当被废止和推翻的，而西方教育是民主的、自由的、合乎人性的，因而是先进的，是人类的方向，是文明应有的选择。记得去年在评《斑斑加油》的时候我说过，《斑斑加油》以广阔的胸怀、以温和而理解的态度，客观地向我们呈现了另一个世界的教育，它让我们知道，那个世界的教育固然与中国的教育有很大区别，但这个区别远不像我们一些教育思想家描述的那样，是一种天壤之别。那里照样有沉重的学习压力，照样有择校的痛苦与煎熬，照样有十分严格的规章制度，有些方面甚至比中国还要严格。

若辰面对这样的中国教育很坦然，无极端之累，更无极端之举动，有小小的调侃，但没有冷面的讽刺，更无默默的抨击，面对雪片一般的卷子，用她的话说："不、不是雪片，是雪崩。课间出去上一趟厕所，回来居然被卷子埋了。"这是微带苦涩的幽默，但她没有趁机攻击什么，仿佛这一切也是自然而然的事情。她现在要做的不是逆反而是如何对付，她不慌不忙地与这些事情周旋着，到了后来居然游刃有余，通通对付下来了，并赢得了足够的睡眠和一定时间的运动、游戏和旅行。如果我是家长我只会让我的孩子去读若辰的书。九把刀之类作家的书我自己会看，但我不会让自己的孩子去看。

这本书是说事的，也是说理的，有专门说事的书，也有专门说理的书，这本书两者兼而有之。它为人注意的，或者说更让人感兴趣的，是它的说理。这本书充满了思辨性，每一章前有一段话，这些文字充满了经验感，当然不是一个饱经风霜的哲人的思辨，是一个学生，一个年轻女孩的思辨。这些思辨不是形而上的，更无玄学色彩，它们是经验之谈。但这些经验之谈被赋予了理性色彩，它们一段一段，并不晦涩高深，但很有见地，并可以转化为实践性的学习指南、人生指南。这些段子背后藏着的是一个很用心的女孩，所有这些语段镶嵌在叙述中很给力，使我们对生活、对人生、对生命有一番思索，它们是智慧的结晶。该书可以看作是一本智慧之书，我们可以看到一个女孩的生活智慧、生存智慧，这些智慧小到技巧的层面，比如如何学习，如何应付雪片般的考卷，大到人生之大方，即怎么活、怎么享受人生和生命。

若辰对这段成长时期的回顾和书写，可能会因为她知识上的积累、思想上的深入，日后再回顾、再书写的时候会有另外的解读。成长过程其实是一个丰富而复杂的过程，它牵涉了身体、心灵诸多方面，日后她的解读一定会比现在深刻的多，真正写好这段成长史应该是在明天。我很喜欢她序中的两段正反题的反驳，我愿意念一遍。一段是：你不约会、不恋爱、不出去玩、不逛街、不疯、不闹、不叛逆、不追星、不暗恋、不表白、不聚会、不唱歌，请问，你的青春被狗吃掉了吗？一段是：你要约会、要恋爱、要出去玩、要逛街、要疯、要闹、要叛逆、要追星、要暗恋、要表白、要聚会、要唱歌，你不学习，请问，你的青春狗愿意吃吗？若辰说这两段话她都不同意，因为最好的青春是玩好也学好，祝贺若辰。

再版序言

距离这本书第一次出版已经过了近八年时间。

这八年里，我度过了在北京大学（以下简称北大）中文系的四年本科生涯，毕业后又远赴重洋公派到美国深造教育学，紧接着 2017 年回国进入北京大学附属中学教英语，现在即将回归汉语言文学的教学……

兜兜转转，自己告别学生的身份，做老师都已经快三年了。

从稚嫩的学生到能带着一个教研组的老师搭建课程的小组负责人，从上课前一天会紧张到失眠的新手教师到可以轻松制服各路“熊孩子”的老手，这一路走来，有很多的磕磕绊绊，也有更多的收获和成长。

感谢这些年我遇到的每一位老师、前辈，你们给我的无私关爱和悉心指导，让我慢慢成长为可以被大家认为是“有学养”的人。感谢北大中文系的教授们在课堂内外对我的谆谆教诲，教导我要有批判精神、钻研精神和严谨的学术态度，教会我读书、做人、观世界的朴素道理，让我受用至今。范德堡大学教育学院的老师们儒雅亲切，他们鼓励我在课堂上大胆表达、勇敢质疑，让我完成了从学生心态到教师思维的初步转变，为我做好了走上课堂的准备，并在我回国后依然给予我关心和支持。还有回国后遇到的教师前辈和同人们，在我茫然无措的时候为我指点迷津，用他们的深厚经验带领我找到新的突破口，慢慢摸索自己的方向，不仅教我怎样成为一个更好的“教书匠”，更告诉我如何成为一个优秀的“育人者”。

当然，作为一个年轻教师，我也特别想感谢我的学生：北大附中朝阳未来学校 2016 级、2017 级和 2019 级的“小猴子们”。从第一次正式以老师的身份站上讲台那一刻开始，孩子们就给了我太多的支持、包容、爱和感动。曾经担心的因为讲得不够好而不被学生喜欢，因为要求严格而被学生顶撞的情景都没有出现，反而是桌上时不时出现学生送的零食和糖果，在走廊里也会突然被班上的女孩抱起来转圈圈，办公室也时常有探头探脑来问问题，然后就赖着不愿意走的小家伙。

因为那一张张洋溢着热情的小脸，上班对我来说是一件很幸福的事情——最夸张的时候，每天从早上八点到晚上十点、从早自习到晚自习，我都会在教学楼、在自己的小教室里和孩子们一起学习，也并不觉得厌烦或者疲惫。我是他们的英语老师，也是导师（类似班主任），这样亲密的相处让我和学生们建立了很深厚的感情，以至于几次因为转岗调换年级，和孩子们告别的时候，那些平日里调皮捣蛋的“小猴子”哭得一把鼻涕一把泪的样子和他们的每一滴眼泪，都在我心里化成了钻石，这些是我一辈子都不会忘的。

谢谢我的学生们，是你们让我感受到了纯粹的爱和喜欢，让我感受到作为一个老师最大的幸福。

在和学生相处的过程中，我也更加深入地贴近了青少年这个群体，了解他们每天的喜怒哀乐、悲欢离合。有时，我们会从一次考砸了的英语小测验聊到最近学习的困难，从一道阅读题聊到他们喜欢的音乐和追的篮球明星，从生活中小小的兴趣爱好聊到未来的远大目标，从和哪个小姐妹闹别扭了聊到隔壁班那个喜欢出风头但是又有点帅的小男生。十几岁的小宇宙啊，真是丰富得很！

与此同时，我也了解到很多这个年龄段的青少年所面临的挑战：学习、生活、人际、家庭……各方面来自自己和他人的期待常常重重地压在他们心上，压得他们喘不过气来。再加上在青春期这个敏感的年纪，他们正处在逐渐走出家庭、走向独立、融入社会的关键阶段，很多关于自我和环境的矛盾和冲突也显得格外尖锐，孩子们常常因此感到迷茫，甚至是痛苦……

而这个时候，当青少年想把他们的困惑讲给身边“久经沙场”的成年人听时，大人们往往会觉得这根本不是什么大事、完全不值得苦恼，可是这样的回应不仅没有解决困扰孩子们真实面对的困难，反而会加深他们手足无措的感觉。

或许正是因为如此，当有一个像我这样有比较丰富的人生经验，但是依然能够站在青少年的角度思考的人出现时，才会对孩子们产生如此大的吸引力。当我跳出了老师这个身份、放下大人的架子，去和他们产生真实的连接、成为他们的好朋友时，孩子们也放下青春期常见的叛逆和自我防卫，允许我走到他们身边、走到他们心里。

从学生到老师身份的转变，让我有了许许多多新的体会想要分享给你们。恰好迎来《一认真你就赢了》的再版，我决定趁这个机会更新一下这本书中的内容，融入新的感受和思考。

从十九岁到二十七岁，在这八年中，这本书见证着我的成长，也陪伴了很多个“你”的成长。微博上有读者给我留言，我才意识到很多当年在台下听我讲座、买我书的学生，今年马上要参加高考，甚至已经上大学了！

感谢这本书把我带到你的身边，也把你们带到我的世界里。接下来的很多个八年，我也希望和你们用适合的方式继续互相陪伴，一起战胜生活中的一个又一个挑战，迎接我们每个人的一次又一次蜕变。

《一认真你就赢了》，希望你喜欢！

李若辰

二〇二〇年五月于北京

原版序

五月，天气骤然热起来。“北京没有春天”这话，从来不假。

好不容易熬过了期中淹死人的 deadline（截止日期）狂潮，趁着期末的阴影还没有完全笼罩，我得了个小闲，赶紧伙同三两好友冲到北大西门外的畅春园食街吃东西。

吃得心满意足从饭店出来，眼前忽然闪过了几团红色的身影。看着真眼熟。定睛一瞅，原来是不远处母校一零一中学的学弟学妹来这边吃饭了。他们穿的，正是我两年前脱下的那身红白相间的校服。

几个男孩子背着拖在屁股上的大书包，拎着一出校门就迫不及待脱下的校服，露出里面张扬的彩色 T 恤衫，勾肩搭背、谈笑风生；几个女孩子雀跃着，清爽的马尾一甩一甩，叽叽喳喳地说着自己新买的发卡和年级里转来的帅哥。

我呆呆地站在那里，看着他们从我面前走过，走远。看到他们，就好像看到了两年前的自己，想想竟然有恍如隔世的感觉。心里涌起复杂的感情，很亲切，很温暖，甚至很羡慕。

我从不自诩是“老人”，但看到他们，才越发觉得，那段我已经走过的中学时光，是青春最美的样子。

有朋友要发话了：那种考完中考拼高考的苦日子，哪儿美了？

是啊，每天都要六点多起床、十二点之后睡觉，早上起来困得坐在马桶上都打瞌睡，刷牙恨不得都闭着眼。胸口一直憋闷，以为自己得了心脏病，一直幻想着在早上跑操时晕倒在操场上该是怎样的拉风。于是跑去测了个心电图，医生说是累的，休息休息就好。果真，一放假就自愈。那日子，真心不舒坦。

是啊，每天从早到晚上课，到后面副科都没了，天天对付高考那几门课，颠来倒去连上好几节，看到课表就有种想吐的欲望。每个老师都一直强调自己的科目有多么重要，一边说自己的作业有多么精练、精简，一边发下雪片一般的卷子。不，不是雪片，是雪崩。课间出去上了个厕所回来桌子就被卷子埋了，这可真不是夸张。

是啊，喜欢上了班里的某某，看到他（她）就觉得生活充满了色彩。结果老师围追家长堵截，一套亘古不变的“青涩果子不好吃”的说辞，配合严厉的惩罚措施，生生将懵懂情愫的小嫩芽按回了土里。

是啊，“学生的主业是学习，学习，要心无旁骛！”不能出去玩，不能打游戏，不能谈恋爱，不能……除了学习什么都不能做，连对高考作文帮助比较小的闲书都看不得。

这样的日子，有什么“美”可言？

每每听到弟弟妹妹这样吐苦水，我总是及时端起过来人的架子。当时不觉得，但是现在回忆起来感觉可不同：一个班的同学每天聚在一个教室里，共同为了一个目标努力、为了一个梦想拼搏的日子，多美啊！那种“完美座位就是身边坐着一个学习好的人，一个喜欢的人，一个好朋友和一个搞笑的人”的简单快乐的生活，多美啊！那种可以经常回家，学累了就能推开房门和爸妈聊聊天、吃点削好的水果、喝点泡好的茶的时光，多美啊！我们总是失去了才懂得珍惜。

可不是嘛，我的中学生活很丰富。交了“三教九流”各式各样的好朋友一大帮，也尝到了恋爱的酸甜苦辣，体会到了学习和生活中的各种起起伏伏，也学会了享受生活。总之一句话，吃喝玩乐啥都没落下，没留下啥遗憾。但清楚地记得高三那年在北大上自习，我说得最多的是：“要是以后能来这儿上大学，该有多好！”说的时候，我还是个摸不着北大门槛的人。但是之前十几年的读书学习和那三百多个没有周末、没有假期的日日夜夜，终于给了我想要的回报。直到收到北大录取通知书的那刻，我才感觉到，我的中学生活圆满了，因为在青春里，我没荒废追求理想的光阴。而我也知道了，敢想，敢拼，就能做到。

青春终将逝去，那中学该怎么过？青春该怎么过？

网上有句话这么说："你不约会、不恋爱、不出去玩、不逛街、不疯、不闹、不叛逆、不追星、不暗恋、不表白、不聚会、不唱歌，请问你的青春被狗吃了吗？"

别急着高兴，还有这一句："你要约会、要恋爱、要出去玩、要逛街、要疯、要闹、要叛逆、要追星、要暗恋、要表白、要聚会、要唱歌，你不学习，请问你的青春狗会愿意吃吗？"

这两句话我都不同意，因为最好的青春，是玩好，也学好。

我要约会、要恋爱、要出去玩、要逛街、要疯、要闹、要叛逆、要追星、要暗恋、要表白、要聚会、要唱歌，我还要学习！还要奋斗！

在我心里，这样的青春才是圆满的。

朋友，你觉得呢？

目录

01 学习
通往罗马的路千万条

02 人际
用心编织一张爱的网

03 生活
体验中的成长才快乐

04 未来
追逐梦想的脚步不停歇

01

TONGWANG LUOMA DE LU
QIAN WAN TIAO

学习

通往罗马的路
千万条

我们为什么要学习？

我们要好好学习，为了过上有成就感、有尊严、有价值、有意义的生活，为了成为一个真正幸福的人。

大人们最爱讲的一句话是“学生的主业就是学习”。但是你一定知道，学习可不是什么轻松的事情，上课不好玩，写作业很累人，考试更是让人压力很大，考不好还要挨批评。是啊，学习给我们带来这么多烦恼，我们把自己搞得这么狼狈，到底图个什么呢？今天，我们就来聊一聊，到底为什么要学习。

首先，要问问你，不学习行不行呢？

可能有人要说，当然行。特别是在我们生活的这个时代，坊间流传着许多“一夜暴富”的故事，比如短视频平台上的“网红”，在美颜滤镜背后跳一段舞、唱几首歌，就有无数人给他们送礼物；还有你们最喜欢的年轻艺人们，十几岁就是大明星，过着衣食无忧的生活；美国男子职业篮球联赛（NBA）的篮球运动员不也是凭着运动特长，拿着千万美元的薪酬吗？Dota[①]的职业玩家，赢一场国际比赛获得的奖金也有上千万……甚至我们身边也有很多做生意的亲戚朋友，他们可能没读过太多书，但是事业依旧做得挺好，日子过得也不错。

他们的故事让我们看到，的确有很多人可以依靠自己的爱好和特长变得出类拔萃，成为一个领域的佼佼者。

但是如果我们只看到了他们聚光灯下的风光，可能就忽略了一个很重要的前提：走这条路，对于我们的天赋有着极高的要求——你拥有的那个特长，得是真的特别“长”才可以！很多时候，他们的成功也有运气的成分，本身就是一场赌注。比如著名电影导演李安，天赋够高、够有才了吧？他在职业生涯初期也曾经有六年时间没有影片可拍，绝望地在家里虚度时光。他曾在《十年一觉电影梦》这本书中说：“当机会快来时，我已经濒临谷底，快要不行了。”

所以，爱好和特长这条路其实并非我们想象的那样轻松好走，它不仅仅需要天赋，更需要勤奋努力，不懈地坚持，所以这并非一条人生的捷径。如果你真的喜欢、想做，那么首先就要考

① 即Defense of the Ancients，是由暴雪公司出品的一款多人即时对战游戏《魔兽争霸3》。

虑一下自己是否真的有足够强的专业能力支撑自己的理想；更要思考的是：你是否真的做好了吃苦的准备？

在我的学生里，有一个男生就觉得学习没什么意思，表示自己非常想做电竞选手。于是，老师就专门带他去北京的一所电竞学校来了一场“圆梦之旅”，结果你猜怎么着，他连学校的入门测试都通不过，之后又不甘心地和这所学校的学生比赛了一局，也是败得很惨。所以，他明白了，要成为能获得国际大奖的电竞选手，需要极高的天赋，在平时训练中吃的苦也并不比学习少，这一条路并不适合所有人。于是他就结束了短暂的“电竞生涯”，回到了读书学习的轨道上。

现在的你，其实就像我的这位学生一样，人生才刚刚开始，摆在你面前的是无限的机会、无限的可能性。在这个时候如果把自己的未来发展全部赌在一条路上，甚至为此放弃学业，也就失去了更广阔的世界、更多的选择空间。这样未免太冒险，更有些可惜。

人生很长，一辈子可以尝试很多事、从事很多职业，高的学历给你更多的选择空间，也能为你将来的生活幸福提供一份保险。多点亮一些技能灯，肯定不会吃亏。

因此，好好学习、学有所成，或许很难让一个人暴富或出名，但却一定可以给你的生活以保障、给你的人生以选择的权利，给你一份“稳稳的幸福”。

那万一我们坚持想要沿着自己的爱好与特长之路走下去呢？那当然是很了不起的事情，不过不要忘记，我们学习的时候获得的那些技能，其实是可以迁移的。也就是不论你想做的事情是什么，在学习文化课时获得的硬知识和软技能都会帮助你走得更远。这里面就包括勤奋与毅力、较强的学习能力和时间管理能力，还有较高的文化修养。比如同为“网红”，毕业于高等艺术院校的就可能会获得更多资源，而很多人却只能靠唱歌跳舞来留住那点随时可能流失的观众。

所以，有厚实的文化素养和学习能力托底，不管你想做什么，未来的人生之路都会走得更有底气。如果有一天在特长发展上遇到了瓶颈，你也可以相信自己一定能找到出口，为自己和家人的生活找到依托。

读到这里，可能有人要问：如果学习是为了给人生托底，或者培养一些素养，那么是不是我随便上个学，以后找份工作，能赚钱养活自己就行了？为什么还要努力学习呢？

其实，我们今天努力学习，还不仅仅是为了养活自己，更重要的是为了能够获得更幸福的生活，活得更充实、更有价值。

“幸福”这个词听起来很虚幻，但它又是我们每一个人一生都在追求的东西。

它到底是什么呢？是吃到很好吃的食物、听到很好听的音乐吗？还是赚到了很多的钱、买得起很贵的东西？

这些当然可以让我们感受到快乐，但这种快乐是短暂的，只能带给我们一种转瞬即逝的快感。

这也是为什么，在我们这个时代，物质生活已经很容易满足了，但是仍然会有那么多不幸福的人。他们收获了物质上的富足，却缺少心灵上的营养。

那么，更长久、更高层次的幸福是什么呢？心理学家马斯洛就曾提出了一个经典的“需求层次”理论，把我们每一个人的需求从低到高排列，依次分为生理需求、安全需求、社交需求、尊重需求和自我实现需求。

随着我们吃饱穿暖，我们就会有更多被“尊重”和“自我实现”的渴望，而真正的幸福就来自于此：它来自我们所取得的成就和因此获得的尊重，来自一种“我的生命是有意义、有价值的”的感觉。是不是听起来就很“低调奢华有内涵”？又有点过于遥远了？

其实我们每个人都曾经有过这种体验，那就是当我们做成一件有挑战性的事情、完成一项有难度的任务时，获得的那种“成就感”。比如，当我们反超对手赢了一场篮球赛，或者玩游戏的时候做了一个漂亮的操作，甚至是解出了一道很难的数学题，背会了一篇课文。这种靠我们自己的努力达成目标的感受，是特别快乐的。这就是来自我们所取得的成就的幸福感。

这种幸福感之所以强大，是因为它会让我们感受到自己的力量，带给我们一种良好的“自我感觉”，让我们变得更加自信，感觉自己棒棒的！

我们学习，其实正是因为它可以带给我们成就感，而且是持久、稳定，会让我们越来越好的成就感。有了这样的成就感，学习这件事就会变得刺激有趣起来，我们会进入一个越学越高兴的良性循环，也就会不断挑战自我、变成一个越来越厉害的人。

我相信你一旦体会过这种成就感，就会欲罢不能的！

那这时候大家可能会说，学习学得好了会有成就感，但是如果自己本来是个“学渣”，基础也不好的话，受打击还来不及，这种成就感从哪儿来？

的确是这样，学习的过程不像打球、玩游戏那样轻松愉快，对于学习有困难的同学来说，要克服这个困难、补上之前落下的内容，是挺不容易的事情。

可是你有没有想过，我们面前的困难越大，战胜这个困难可以带给我们的成就感也会越强烈。

想要在学习上“咸鱼翻身”刚开始可能很难，但是我们可以把学习当作一个不太弱，甚至还有点强的对手。越是到了这种时候，我们越不能㞞！我们要做的，是不断挑战自我，持续积累能量，不断打怪升级，最终战胜“大魔王”。

正所谓“放长线、钓大鱼”。想一想我们最终在学习上可以获得的巨大成就感，那种自我实现的快乐、那种向所有人证明

“我能行”的风光，是不是就感觉浑身充满了干劲，恨不得马上开始学起来呢？

拿我自己来说，我在高中那几年也经历了从一个“学渣”到一个“学霸”的成长历程。很艰难，从总是写不完作业到慢慢学着做计划，从每天忍不住看手机到要求自己放下手机专注学习，从恐惧和逃避数学到考到平均分，整个过程像一部大片一样，非常刺激。最后拿到北大录取通知书的那一刻，我“膨胀”了！那种战胜自己、证明自己的感觉实在是太爽了，够我津津乐道一辈子。

所以迎接和战胜学习上的挑战，其实是一个证明自己的过程。证明我们可以，我们能行，我们不㞞。这种幸福感是有力量的，滋养着我们的内心，成为我们持续努力拼搏的动力和源泉。

那我们战胜了学业上的“大魔王”、完成高考之后，又该怎么办呢？是不是我们就到达人生巅峰、再没什么奔头了？你们的某些学长学姐啊，就是在这个时候陷入迷茫，不知道该怎么办了，因此在大学里打起了游戏、逃课、挂科，重新做回了“学渣”。

其实上了大学，还远远没有到达我们生活的终点。一切才刚刚开始呢！

这个时候，就需要我们有一个更长远的目标，有一个关于人生和未来的方向。

这个目标可能是获得事业上的成功，也可能是成为自己从事的领域内最优秀的人。在追求这些目标的过程中，我们依然需要不断学习、不断成长，应对各种新的挑战，也会因此获得更大的成就感。

然而，我们自己的成就感依然不是最终的幸福感。在自己的成就感之外，还有一种更大的幸福感，来自为自己以外的社会和人类做贡献。这让我们感受到自己的生命是有意义、有价值的，我们就会获得更多的快乐和幸福。

就像我现在在做的事情，我认为就是非常有意义的。每次帮我的学生或者读者、听众解决一些问题时，我都会特别开心，我的生活因此而有很多的幸福感。

有的人可能想做医生，救死扶伤；有的人想做律师，用自己的知识和能力来匡扶正义；有的人可能想做记者，来报道真实的社会；有的人想做科学研究人员，扩展人类认知的边界……

这样的选择有很多，有意义的生活也不止一种形式。可是我们也会发现，“做有意义的事情”对我们自身有着更高的要求，不是随随便便就能做到的。我们只有成为有“主动权”的人，才能有权利去选择我们想做的事情，选择我们认为有价值的生活方式，而不是被动地接受。

这也是为什么父母、老师总是坚持让我们好好学习、考一所好大学，目的就是让我们能够站上这个山头，获得更好的资源、站在更高的平台，积累更多知识和能力，可以去做选择，而不是被选择。上一所好大学，很多时候是为了我们在找到真正想做的事情时，能抓住那个机会，而不会因为学历被刷掉。

事实上，上学时我们偷的懒、欠的债，常常需要我们以后多吃很多苦、多绕很多弯路来还。如果不努力学习的话，我们失去的，可能不只是考试卷子上的那些分数，而是很多人生的选择权和证明自己价值的机会。到那个时候你们会发现，虚度了本来可以努力的时光，是多么可惜的一件事情。

所以学习其实真的不是为了父母或者老师，而应该是为了我们自己，为了让自己变得更强大、更有主动权，为了自己以后能过上更好、更幸福的生活。

有一个我很喜欢的作家，曾经给自己孩子写过这样一段话，今天也送给认真听课的你们："孩子，我要求你读书用功，不是因为我要你跟别人比成绩，而是因为，我希望你将来会拥有选择的权利，选择有意义、有时间的工作，而不是被迫谋生。当你的工作在你心中有意义，你就有成就感。当你的工作给你时间，不剥夺你的生活，你就有尊严。成就感和尊严，给你快乐。"

所以，我们要好好学习，为了过上有成就感、有尊严、有价值、有意义的生活，为了成为一个真正幸福的人。

好啦，这篇文章就到这里。

不知道关于为什么要学习这个问题，你有没有新的思考呢？

做好计划，让你“偷懒”偷出好成绩

时间对每个人都是公平的，每天二十四个小时，每个小时六十分钟，一分钟不多，一分钟也不少。但是如果你能够用相同的六十分钟完成比别人更多的事情、创造更多的价值，那么这一个小时你就赚了，过得比别人更有意义。

在上一篇文章里，我们聊了到底为什么要学习，其中最重要的原因就是学习可以帮助我们实现自己的人生目标、获得成就感，让我们过上更充实、更幸福的生活。

这次我就要偷偷告诉你：到底该怎么学习效果才是最好的。

作为一个老师，我常说，学习的头号“敌人”，就是我们的懒惰：懒得记笔记、懒得写作业、懒得动脑子。因为学习啊，是最懒不得的，一定要有付出才会有收获。

但是今天，我却要教你们“偷懒”——别误会，不是什么也不干、整天睡大觉的那种懒，而是动脑子、想办法、省时间的“偷懒”。

其实我上学的时候就是个很“懒”的学生。我特别不爱做大量的题，别的同学除了做老师留的作业，还自己买习题来一道一道地做，我嘛，我可不愿意。题海战术？那太浪费时间了。

懒得做大量的题，又想获得好成绩，可不可能呢？我的经验是——可能。因为“懒”的另一面，也可以是“效率”，是好的学习方法和技巧带给我们的捷径，让我们可以在学习这件事情上“抄近道”，花最少的时间，做最有用的事情。

上高中时，我有一套非常好用的学习方法，这些方法在我的书中也有谈及。今天呢，就结合我作为老师的经验来和大家分享。

首先，最重要的是，我们要对自己的学习做一个规划。

这个规划就像一份地图，我们要在上面标出我们现在所处的位置，再找到我们要去的地方，然后再画出从这儿到那儿的最短路线。有了这份地图，我们才能更好地利用时间，少走弯路，用最省劲的方法实现我们的目标。

要完成这个规划，首先我们得对自己的学习状况有一个比较完整的把握，也就是从宏观上分析一下我们的学习现状。

具体可以从以下几个方面去思考：

一、要明确，我现在所学的科目中，哪些对我来说是比较重要的。越重要的科目就要花越多的时间来处理。

比如语、数、英这三门主科对于所有人来说都很重要，而其他的各个学科中，未来升学考试，也就是中考、高考需要涉及的科目也是比较重要的。而如果你决定了要报考艺术或体育院校，那么你的特长就也很重要。

二、要分析，在这些重要的学科中，我的学习情况如何？成绩怎么样？在成绩的背后又表现出哪些问题？

先拿数学这科举个例子，你平时上课是否都能理解老师所讲的内容、跟上老师的节奏呢？在平时的考试中是不是都能达到，甚至高于平均分呢？如果说遇到了困难，那么是知识点没听懂，还是题目练习得少了？如果是语文和英语这两科，也要思考是不是在阅读量、积累量上有不足，抑或是练习不够多，导致我们在成绩上表现不是很好。

三、要思考，这些问题要怎么解决呢？具体的解决方案和措施，就要基于第二点所分析的“成绩背后的问题”来制定。因为非常个人化，也有学科差异，所以在这里先不展开叙述。

这么一思考你可能会发现，我们在学习中通常需要同时解决很多问题，这时候就会感觉时间不够用。

就像我现在教的学生们，他们上高二了，马上要面临高中合格性考试，各个学科都要准备和复习；同时呢，好几门课也在讲新课，不断有新的知识要学，再加上之前学得不扎实、整个知识体系学得“千疮百孔”的，要做的事情实在是太多了，有些同学一下子就慌了，完全不知道从哪儿下手。到了中考、高考这样的综合性考试的考前总复习阶段，每一门要考的科目复习起来都是千头万绪的，也很容易让人崩溃。

如果要做的事情太多，该怎么办呢？别慌，很重要的一个解决方法，就是我们要学会区分主次，在一段时间里面集中注意力解决几个比较关键的问题，有重点地突破。这个“重点”，应该是我们自己根据考试成绩和学习状况分析和总结出来的。有了这个重点，我们再继续完成自己的学习规划，就会感觉思路清晰得多。

我在中学时，尤其是学习压力比较大、很忙的时候，就特别喜欢分析自己的学习情况，再根据自己的情况做学习计划。

从小到大我都是一个偏爱文科的人，文科也一直学得比较好，成绩不错；相反，我的理科，也就是数学、物理、化学、生物，却学得比较辛苦，成绩还不太好。那么到了开始要为考试做准备的时候，我就发现如果把时间和精力平均放在这些科目上，就会把自己搞得非常累，对我总成绩的提高帮助也不大。所以我就从分析我的总体学习状况开始，探索更好的时间分配方法。

具体来说，在我高考的时候还是按照文理分科，我不出意外地选择了文科，所以对我来说最重要的科目，就是文综三科历史、地理、政治和语数英这六门要高考的科目。有了这个基本的判断，我就知道自己不用在化学、生物、物理上花费太多时间，只用掌握基础知识、通过合格性考试就好了，而要把重点放在另外几门科目上。

在高考的这几科里，史地政我都学得还不错，能够跟上课堂节奏、考试分数也在班级前列，所以按部就班跟着老师走、每天完成作业就好；语文和英语呢，则是我比较擅长的科目，学得比较轻松，成绩也是拔尖的，所以总是可以很快完成老师布置的学习任务，甚至很多时候老师留的作业对我来说还有点“多余”，因为这些内容我已经熟练掌握了，没有必要再浪费时间练习。

想清楚了这些，我就开始有意识、有针对性地调整自己在优势科目上的作业量，说白了，就是有的作业可以不做，留出一些时间做什么呢？当然是用来补我学得比较差、拖后腿特别严重的数学啦。所以那一段时间，我每天最多的学习时间都是用在数学上的，这样对我总成绩的提高有很大的帮助。

在分析好这些重点之后，就要确定具体到每个学科上要做些什么，那么下一步就要分析各学科的具体知识和技能的掌握情况。如何做这个分析呢？考试，就是最好的判断依据。特别是在每次考试前后：在考试之前，可以回顾一下前一段时间所学的知识重点和自己掌握的情况，再做一个详尽的复习计划；在考试之后呢，则要根据考试成绩和错题丢分的情况，反思问题出在了哪里，下一个阶段怎么去解决。我也会把各学科的规划找一张大纸写下来，在每个科目下面写出这段时间要攻克哪些知识点、哪些题型。

这部分在后面讲考试心态时，会有更详细的讨论，大家可以期待一下。

到现在，我们应该已经有了一个对自己学习状况，从整体到具体科目的分析图。有了这个图，我们心里就会对接下来要做的事情有了比较清晰的把握，学习起来也更从容。

在高考前最紧张、最忙乱的那段日子里，我也是采用这个方法，每两个月就做一个中长期规划，再按照规划安排好每一周、每一天的学习，就这样按部就班、不慌不忙地进行总复习的。

如果不是这样，以我沉不住气的性子，可能撑不到高考就急得抓狂了。

所以说这个学习规划，是我们一切学习行动的指导，可以帮助我们把时间都用在刀刃上，少做无用功，达到事半功倍的效果。

最后还要讲到一个提高我们每天的学习效率、对抗拖延症的方法，那就是做每天的"日计划"，也就是列 To Do List[①]。做每

① 即任务清单。

日计划这招，其实是我跟老爸偷学来的。要知道，我小时候其实是个做事特别拖拉的家伙，每天的作业都要写到很晚，看起来一副很刻苦的样子，其实是因为学习时总开小差，一会儿弄这，一会儿做那，做作业时效率太低，搞得休息都休息不好。

一次我看到了老爸平时列的“当天的小计划”，他把一件件待办的事按照主次、先后顺序排列好，每件事做完，他便会在上面打一个钩，直到完成计划中的所有任务。我恍然大悟，怪不得老爸办事效率那么高，原来是“计划小本”帮了忙！这么好的方法，我为什么不试试呢？于是，从那天起，我也开始每天给自己的事情做计划。

在那之前，我平时也有放学在小本上记作业的习惯，但通常只是毫无条理地把作业列一遍，做作业时想到哪里写到哪里，经常会拿着小本子发呆，考虑好久下一项该完成哪个，效率一下子就低下来了。下定决心做计划之后，每天回到家，开始学习之前，我都会把小本拿出来，将这天要完成的任务按“重要性”和“紧迫性”排好先后顺序，工工整整地再列一遍，接着把要用到的所有作业本、参考资料都按照列好的顺序上下排好，摞成一摞，再开始写作业。从上面的第一本开始写起，写完一项，在小本上打一个钩，然后将完成的这项作业放在一边，再开始进行下一项，如此直到写完所有的作业。

慢慢养成这个习惯之后，我惊奇地发现，我的拖延症被治好了，晚上学习的效率大大提高，我可以在更短的时间内比别的同学完成更多的任务，甚至还能够抽出时间来读读书，看看电视，放松放松。

如果要说做计划为什么有这么好的效果，我认为首先是，事先列好做事的先后顺序，极大地节省了做事中间思考接下来该做什么的时间，使学习、工作都更具有流畅的节奏感，避免因为思前想后而打断学习的状态，耽误学习的进度，扰乱思绪。

其次，做计划时根据具体情况调整做事的顺序，可以有目的地使各个科目很好地穿插进行，不至于在一个科目上连续耗费太多时间，导致产生厌烦、做不下去的心理。比如，可以先学数学，接着学会儿英语，再学会儿物理，之后再学语文，让理科和文科交替进行。科学研究表明，转换一个领域思考是很好的让大脑休息的方式。时间紧的情况下，不需要停止学习，只要换一个科目来学，马上会有神清气爽的感觉，脑子也会转得更灵光呢！

最后，做好规划后我们就可以有一种“心里有数”的感觉，从而获得积极的心理暗示：再复杂的任务我都已经妥妥地安排好了，只要我专心地一个一个做下去，就一定能够都完成。列好计划，你甚至会发现要做的事情其实并没有想象的那么多！这样一来，我们便可以更加放松地投入学习，不用因为担心事情做不完而慌慌张张、浮皮潦草，学习时也就可以更加专注，取得最好的学习效果。

就是用这样的方法，即使是在学习最忙最累的高三，我依然生活得有滋有味，课外活动丰富多彩。比如每周六雷打不动地看我最爱的美剧，平时每天中午和放学都会到校园里喂猫，周末或者小长假还会去看场电影、逛逛街……学与玩兼顾，其实秘诀便是规划我的生活，提高做每一件事的效率。

时间对每个人都是公平的，每天二十四个小时，每个小时六十分钟，一分钟不多，一分钟也不少。但是如果你能够用相同的六十分钟完成比别人更多的事情、创造更多的价值，那么这一个小时你就赚了，过得比别人更有意义。

这章的内容就是这些啦！在读完我制订计划的方法之后，有没有蠢蠢欲动地想要对自己现在的学习情况做一个分析呢？那就开始行动起来吧！不要忘记每天在做作业之前都要做一个当天的To Do List，事半功倍地学习哟。

期待看到一个行动力满满、高效高能的你！

做好错题本，让你快速提分

很多时候我们看到的“学霸”，她们看起来学什么都毫不费力，其实是因为她们更多地“思考”自己的学习，能够把时间用来做性价比最高的事情。她们，其实一点儿也不懒。

在上一章里，我们聊了提高学习效率的一个“偷懒”好方法，那就是做大规划和小计划。这章呢，我们要聊的是第二个“偷懒”的方法，那就是利用好错题本。这个方法，可能很多同学从小到大都听大人们说过很多遍了，但是可能很多同学并没有把它放在心上，就跟最开始的我一样。

可是现在我却要偷偷告诉你，错题本是我受益最大，也最喜欢给人传授的一个学习方法。这是为什么呢？我又是经历了怎样一个从不爱整理错题到视错题为珍宝的转变过程的呢？别着急，听我慢慢道来。

其实，错题本之所以这么重要、这么有用，是因为它是提高考试成绩最有效的工具。

熟悉我的朋友可能知道，我曾经是个成绩平平的中等生，到了高三却能成绩突飞猛进地一路“逆袭”考上北京大学，真的就是因为这个错题本，帮了我的大忙。在那之前，我和你们中的很多人一样，在平时的练习和考试中如果出现了错题，第一反应都是不高兴、心情烦躁，因为这些错题和卷子上红红的叉叉，就像是在嘲笑我的无知和无能，看得人心里怪难受的，恨不得赶快把它扔到一边不看了。这样做的结果，就是不会的题总是不会，每次一考试就丢分、考不好，总也没有起色。

后来我观察了班里的“学霸”们才发现，他们每个人手里都有一个只属于自己的“提分宝典”，那就是自己整理的错题本。慢慢地我也开始尝试整理错题，很快就尝到了甜头，这也让我明白了错题其实都是宝贝，它们暴露了我们知识上的漏洞和能力上的缺陷，如果能够充分重视，便可以帮助我们有效查漏补缺、快速提高成绩；相反，如果没有重视错题，把这个漏洞一直放在那里，就像是我们玩扫雷游戏的时候明明发现了一颗雷，却故意不把它标示出来一样——这颗地雷，迟早要在以后的考试中爆炸，炸得你人仰马翻。

所以，如果你想提高成绩，而且是用最快的方法提高成绩，就一定要用心整理错题本。

这不是，我当了老师之后，也就开始天天向学生推荐这个方法。

可让我挠头的是，每每我提起这件事，他们却总是投来“生无可恋”的眼神。

还有一个孩子直接跟我说：“老师，我整理过很多错题本了，一点儿用也没有！”

我只好问他：“你是怎么整理错题本的？”

他理直气壮地说：“就把题抄一遍，再把答案抄一遍啊。我抄得可认真了！”

我一听就明白了问题出在哪里：机械化抄题、抄答案耗费了大量时间，看似将错题整理得井井有条，实则没什么效果。

为什么没效果呢？因为他废了不少墨水，却少了整理错题最重要的一个环节，就是动脑子思考。其实在整理错题时，题干和正确答案都不是最重要的，最重要的是这道题考查的关键点，你做错这道题的原因，以及它暴露出来的你的知识漏洞。

更具体来讲，当出现错题时，我们需要做的第一件事情是认真回顾题目、仔细对照答案重新梳理答题思路，再仔细分析自己的错误原因是什么，是某个知识点没有掌握，还是答题思路不清晰，或是粗心马虎？对于自己错误原因的分析一定要足够透彻清晰，一直到把背后那个知识点、那种答题思路、那个常犯错误的地方都揪出来，这才算是分析明白了。

在对错题产生的原因有了清晰认识之后，最后一步才是将错题整理到本子上——这个整理，依然不是“抄”，而是根据错误原因提纲挈领地写出这道题的知识点、答题思路或是易错点。所以有时候，在整理错题的时候，原题干和答案都可以不用全部原样写下来，而是可以提炼主要内容、简化记录；但是答题要点、错误原因这些，一定要认认真真、仔仔细细地写下来，还要用不同颜色的笔，对重点、难点进行标记，做到字迹清晰，重点突出，思路逻辑简明，方便我们日后复习、回顾。我自己上学时的习惯是，黑色笔写题干，蓝色笔写答案解析，红色笔标注重点、难点和易错点。这样一来，之后我再复习、备考的时候，就可以拿着我的错题本，很快找到复习重点，高效地复习了。

为什么要做这些工作呢？为什么一定要深入思考答题要点和错误原因呢？这是因为，想要提高学习效率，就要学会举一反三。

做错了一道题，如果我们只停留在记住这道题的正确答案的层面，而不去把背后导致我们做错了这道题的问题解决掉的话，那么以后考试的时候出现类似的题，我们还会错；一天不解决这个问题，这种题就会一直错下去。这么学，就是做了再多题也没有用，以前不会的还是一直不会，成绩又怎么能提高呢？

而如果我们通过一道错题，理解了一个知识点或者一个类型的问题，那么下次考试就不会掉进同一个坑里、不会错类似的题，上次丢的分这次就可以拿回来，成绩自然也就在这个过程中慢慢提高了。

到这里大家可以发现，错题本不应该是题目和答案的堆砌，而应该是经过我们头脑深加工之后对错题的梳理和记录，呈现在本子上便是条分缕析的关键点，而非大段的文字。

这样一来，我们在“思考”上下足了功夫，书写的时间便大大减少了，也减少了机械化做题、抄题的工作量，从而实现短时、高效的学习。

再回到刚才说到的我的这个学生，他每次都花大量时间“抄错题”，抄得有板有眼、兢兢业业，但是他又不动脑子把题想明白再抄，看似很勤奋，实际上是在“假学习”——这么一看，不动脑子思考的“懒”，才是最耽误事的啊！

好，回顾一下这章的内容。我们主要讲的是快速提分的好方法——用好错题本。在整理的时候，关键在于题目考查的重点和自己做错的原因。用好错题本，就可以举一反三地高效学习，是个特别好的学习方法。

到目前为止，我们已经讲了两个高效学习的好方法：做规划和整理错题。仔细想一想这两个方法就会发现，这些“偷懒”秘籍的核心，就是用更多学习中的思考来减少甚至是代替不动脑子的体力劳动。我们想明白了自己的方向，就会少绕路，就会省劲儿；我们有了好的学习方法，边学习边思考，而不是一股脑儿地大量做题，就可以不断完善我们的知识和能力，成绩也会更快地提高。

所以，很多时候我们看到的“学霸”，他们看起来学什么都毫不费力，其实是因为他们更多地“思考”自己的学习，能够把时间用来做性价比最高的事情。他们，其实一点儿也不懒。

而如果我们只顾埋头赶路，忘记了抬头看路，也不懂得借助方法和技巧，有时候就可能会事倍功半，花了大力气也没学到正经东西，在考试中就只能是被高手碾压的“学渣”。

现在，我把这些高手的学习秘籍分享给了你，不如从现在开始就试一试吧！

只要能够把“思考”和“勤奋”两者结合起来，你也可以学得既好又轻松，成为别人眼里的“学霸”。

高效听讲，有了烂笔头，才有好成绩

如果你爱学习，记笔记可以让你学得更好，享受学习的过程，当然要记笔记；如果你不爱学习，记笔记可以让你学得更快，减少花在学习上的时间，那就更要记笔记了！

正在读这本书的你，不论是小学生还是中学生，甚至是爸爸妈妈们，一说到"听讲"，肯定都觉得是再熟悉不过的事情了。

上学上了这么多年，我们还不知道怎么听讲吗？

哎，你别说，听讲这件事情还真的不只是坐在那里、竖起耳朵这么简单，里面学问大得很！这章我就来和你聊一聊，上课的时候到底怎么听讲才算是听明白、听进去了，还有怎样才能提高听讲的效率。

说到"听讲"，最重要的肯定是一个"听"字。我是英语老师，在英语中，“听”这个动作其实有两个单词，一个是 listen，一个是 hear，很多学生都会把它们搞混，其实它俩很好区分，前一个单词 listen 表示的是“在听”，耳朵没有被堵上，也没有在做别的事情；而后面的 hear 这个单词，则表示“听到了”，意思是不仅仅在听，而且那个信息已经进到了我们的脑子里进行加工和处理，完全理解了说话的人的意思。那么，在平时上课、听讲的时候如果感觉效率不高，你可能要先问一下自己：我是在听老师说话，还是真的听到并理解了老师所说的内容呢？

如果你的听课状态是前者，这就达到了最基本的要求，因为我们得先做出认真听讲的姿态，才可能真的听进去；但是只 listen 还远远不够，我们需要在听课的时候非常专注并积极地调动大脑，跟着老师讲解的思路进行深入思考，真正理解课程的内容。

有的同学可能要说了，我到底要怎么从 listen 进入 hear 呢？如果我上课就是听不进去怎么办？甚至我落下了一些内容，然后就听不懂了怎么办？的确，这些问题都很让人困扰，就像一个段子说的那样：“小学三年级的时候我低头从地上捡了一支笔，从此以后再也没有听懂过数学课。”

正因为有这些困难存在，要真正做到“好好听讲”，其实是一个系统性工程，涉及听课所包括的从课前、课中到课后的完整学习闭环。

听讲要想高效，首先需要做好准备工作，那就是课前的预习。相信很多同学都听老师强调过课前预习的重要性，特别是在课堂内容很多、老师讲的速度又特别快的时候，预习就显得尤为重要，因为它可以帮助我们在上课前熟悉学习内容，对于要学的新知识有一个大致的了解，那么上课的时候就更容易跟上老师的节奏；更重要的是，在预习的过程中我们一般都会发现一些自己不太理解的地方，那么第二天就可以带着问题去上课。这样一来，在第二天的课堂上，我们就会比没有预习的同学吸收得更快、听得更明白，甚至还能抢答出几个别的同学还不知道的知识点，不仅听课效率提高了，也能让我们体会到那种"众人皆醉我独醒"、你们都不会我全懂的感觉，真的是不要太有优越感哟！

预习，对于我们学得有点困难的科目是尤为重要的，因为在这些课的课堂上，我们最容易感受到那种听不懂、跟不上的感觉，经常一节课下来满脑子都是糨糊，真的特别难受，有时候就忍不住想干脆不听了。其实我完全能理解这种感受，因为我在上学的时候，数学、物理这样的科目就经常带给我这种感觉。可是如果我们越是学不好的科目越不听讲，那结果只能是落下得越来越多，最后不就彻底跟不上了吗？与其给自己挖这么大的坑，不如就从提前预习每一次的上课内容开始，尽最大的努力在每一天的课堂上听懂、跟上，尽量在四十分钟内解决所有能解决的问题，不给自己留漏洞。

那么，要怎么预习呢？具体操作起来可以因科目、因人而异。比如语文预习，更多的是提前读课文，看一看文言文的注释；数学则是阅读课本，尽量提前理解要讲的公式概念，尝试着做一做习题；英语则是预习课文和单词，至少先“混个脸熟”。同时，对每个同学而言，越是学得不扎实的科目越要做好预习工作。就像前面说的，我在数学课上就总是跟不上，为了避免落下重要的知识点，就要及时预习，这样在课上就不会因为跟不上而焦虑着急了。

现在，有了预习做基础，我们下面就来说一说怎么在课堂上更好地听讲。这个部分其实有三个重要环节，第一是用耳朵听，第二是用脑子理解，第三是动笔记。

首先是听的部分，保持清醒和专注是特别重要的。我们都知道昏昏欲睡的课堂一定没什么效率可言，所以平时一定要保证好睡眠，并在课间适当活动休息，然后在上课的时候保持自己大脑的活跃性。

那么在听的时候，怎样才可以做到更加专注呢？第一，要排除所有干扰，把手机关掉，杂物归拢不要放在桌子上，和身边的同学保持舒适的距离，视线范围内都是和课堂相关的东西；第二，在听清的前提下，更要思考老师讲课内容的重点，结合教材在头脑里对老师所讲的内容进行处理和整合，从而真正理解老师所讲的内容，做到这些，才算是听到了、听懂了。

从听到想，这个听讲的过程就完成了吗？还没有哟，如果真的想要把上课的内容有效吸收，让它们印在我们的脑子里，很重要的一个步骤就是我们常说的记笔记了。

俗话说“好记性不如烂笔头”，这话说得太对了！在我的英语课上呢，就总是有一位同学上课的时候不爱动笔，一般就仰着头在那儿听，我一提问他讲到哪儿了，这家伙就像是突然被吵醒了似的一个激灵，才发现自己早就不知道梦游到哪儿去了；有的同学呢，倒是真的支棱着耳朵在听，我一说要动笔，他们就会说“我都记住了”，可是真到了考试的时候，这样的同学多半考不出什么好成绩。

这是为什么呀？为什么很多内容我们明明听了十遍百遍，每次也都听明白了，但是却总也记不住呢？这是因为，想要真正记住一个事物、一些知识，只靠“听”是远远不够的，我们需要在头脑里对新知识进行梳理，和旧知识建立连接，并且抓住老师一长串一长串的话、一页又一页的 PPT 里面那些最有价值的关键知识点；而记笔记，就是帮助我们建立完整的思维框架，并且将思维框架外显的过程。所以在记笔记的时候一定要时时刻刻动脑子思考、整合和筛选信息，只记关键的内容。

像数理化这样的理科，概念和定义、基本公式、题目所考查的知识点等就非常重要，比如“声速：在空气中传播速度是 340 米每秒”这样的就要记在本子上；文科呢，写的东西通常会更多，比如历史课上重要的时间点、事件和影响，地理课上不同地区的地形和气候特征等，千万要勤动笔写一写。写的时候要笔迹清晰、有条有理，并且最好用有逻辑联系的图表或不同的记号来记录，千万不要试图把老师说的话和 PPT 上的内容逐词逐句地抄写下来，要不然的话，这既要听讲，又要看老师，还要看 PPT，也得记笔记，怕是得有哪吒的“三头六臂”才能搞定了，也太累了吧！所以啊，记笔记不在字多，反而是那种重点突出、没有废话的笔记，才是最好的。你看，我这不是又教了你一个“偷懒”的好方法吗？

从听到想，从想到写，这都是在听课时非常重要的环节。但同时，它们也不是线性连接的关系，也就是说，“写”虽然是在“想”和“听”的基础上进行的，却也会有效地反作用于“想”和“听”，在记笔记的时候，为了把笔记记得要点清晰、重点突出，它就可以让我们保持注意力高度集中，提高“听”的效率，这也是为什么我们常说记笔记可以让我们在上课的时候保持清醒。

那么，怎么才能让我们记笔记记得更带劲、更开心呢？有一个小窍门，——记笔记也要有仪式感，一定要拥有属于自己的独特的、喜欢的笔记本。我平时便喜欢收集装帧精美的小物件，信纸、贴画、包装纸，花里胡哨地装了满满一抽屉。在记笔记这件事情上，我便抓住自己这个心理，购买了精美简洁、质量上乘的笔记本，并在封面上写好了对应的科目名称。捧着赏心悦目的笔记本，是不是会有一种往上写字的欲望呢？在课上，为了保持我心爱的笔记本的整洁美观，我也就开始努力更加笔迹清晰、内容有条理地记笔记。听讲效率提高了，对于新知识的掌握也更快了。

说到这里，我们已经聊完了课前的预习准备和课上的记笔记，可是还没完，课后的复习，也是完成学习闭环的重要步骤。

一天的课上下来，有时候头昏脑涨的，脑子里好像被塞进了好多知识，但是有些内容朦朦胧胧还没记牢，有些干脆已经忘得差不多了。这个时候如果着急开始做作业，效率往往不太高。而复习则可以帮助我们巩固这一天学习的知识，让我们作业写得更快、更轻松顺畅，正确率也会更高。而且，如果在那一天的课上我们有没有完全听懂的内容，在当天及时复习就可以赶快查缺补漏，找老师或者同学问清楚，不留下漏洞，这样在第二天上课时就可以轻松跟上，不用担心因为前一天落下了知识而听不懂啦。

复习这项工作呢，除了平时每一天要对自己当天所学的内容、当天的笔记进行梳理，还要记得定期复习那一个阶段的知识，进一步巩固、加深印象。这个时候，我们又要用到笔记本了。我的方法呢，是大致每个月，或者在每一个单元的学习完成后，用一个周末的时间对这部分新学的内容进行知识梳理。

这个梳理怎么做呢？首先需要明白的一点是，其实我们的教材里有很多内容是不重要的。这不是说教材编写得不好，因为其实越是好的教材、越是要能做到深入浅出地把知识和问题解释清楚，那么这个“深入浅出”就必然涉及很多叙述性、解释性的语言，还有很多为了帮助我们理解而加进去的例子，比如数学课本写的：“假设现在我们有五个红色的小球和一个蓝色的小球，如果把这六个小球放到布袋里，抓出蓝色小球的概率是多少？”这些内容在我们初次学习的时候很有帮助，但是到了阶段性复习的阶段，要对核心知识点进行整理的话，就显得有些多余了。所以我们在这时候要做的就是“去粗存精”，把教材里的这些“水分”都挤掉，只把最重要、最关键、最核心的内容提炼出来，然后整理在自己的笔记本上。还有，为了让自己在整理的时候更省事一点儿，我们可以充分开动脑筋，尽量在知识点之间建立起逻辑联系，通过分类、排序、比较等思路和符号、表格、思维图等方法把零碎的信息整合在一起，画出独属于自己的“知识图谱”。关于这部分，在文稿区里，也可以看到我在上中学时自己画的人文地理知识图和历史时间轴哟。

完成这个整理之后，你就会发现这其实就是一个“把书读薄”的过程，厚厚的教材在我们的手中变成了薄薄的几页纸，这时候再进行记忆，不是轻松多了吗？而且，这样记下来的知识，不仅记得牢，还更好用。这个道理很简单，你只需要想象一下，是从乱糟糟、堆满了东西的房间里找东西方便，还是从一个东西不多，而且井井有条地摆放着的房间里找东西方便呢？我们做知识整理的过程，就是这样一个“收拾自己的思维小房间”的过程，当我们把原本散乱的知识点条分缕析地归类、整理，考试的时候就可以快速地把有用的那部分知识找到、取出来，在考试的时候，就可以拿到高分了！

这个方法，对于所有需要理解和记忆的科目都很有用，在学习记忆量非常大的文科的时候更是成了一个法宝。我在上学时，就曾经因为历史、地理、政治这些学科要记的东西太多了，特别头疼，考试前一直翻书复习也记不住，总是不得不在考场上临场发挥、瞎写一通，结果写了很多字，手都要写断了，分数却拿不到多少。后来我就发现，当我把书上的内容根据自己的理解写下来的时候，好像记忆会更深刻一些，考试之前拿着自己整理过的笔记去复习的时候，又感觉轻松许多，就这样我慢慢摸索、尝试，才终于找到了获得好记性的妙招：并不是什么神秘的玄学，无非就是勤动笔、多动脑，经常进行知识梳理而已。

到这里，关于“如何高效听讲”我们已经聊了很多内容。回顾一下，核心要旨就是：光听课不行，还要动脑想、动笔写；光上课动笔不行，还要在课前预习、课后复习整理，形成完整的“学习闭环”，从而加深记忆，真正掌握知识。

你看，我一直说咱们要动脑想、动笔记，看似是费了不少劲，但是实际上这就是提高学习效率的非常好的方法；有了效率，才可以真正节约时间，在更短的时间里完成更多的学习任务，然后开开心心地去做自己想做的事情。

所以呢，如果你爱学习，记笔记可以让你学得更好，享受学习的过程，当然要记笔记；如果你不爱学习，记笔记可以让你学得更快，减少花在学习上的时间，那就更要记笔记了！有这样的好事情，谁不想试试啊！

所以快点准备好心爱的笔记本，拿起手中的笔，开始认真地记笔记吧。用不了多久你的笔记一定可以记得又快又好，再也不用怕上课听不懂、考试题不会做啦！

考试紧张怎么办？教你正确对待成绩

在考试这件事情上，大家一定要把功夫用在平时，并且提前开始复习；真的到了临考试时，就只用放松心情、好好吃饭、好好睡觉，尽量做好准备，在考场上正常发挥就好。至于最终成绩怎么样，就不是我们所能控制的了，就随缘好啦。

一说到考试和成绩，不少同学可能就已经开始紧张起来，甚至手心发凉，两腿发抖，额头冒汗了。这不，每次一到期中、期末考试的节骨眼儿上，我这个小老师就会频繁收到学生们发出的求救信号：

“老师老师，救救我！我平时学得都挺好的，可是一考试就紧张，上课都能听懂，一考全不会！这可怎么办啊？”

考完试之后，出成绩的时候，会有很多孩子哭丧着脸，大半是因为这次又没发挥好。

有次一堂英语课上，我一进教室就看到班里平时特别调皮、特别爱“演”的小朋友，一个人耷拉着脑袋坐在座位上，同学跟他搭话也没反应，我一问，原来是考砸了。

他一边皱着眉头一边嘟囔：“我这次都垫底了……”

一整节课他都完全不在状态，整个心情都被一场考试影响了。

不知道你是不是也像他一样，曾经因为考试没考好而特别受挫、连话都不想说呢？

是啊，“分分分，学生的命根；考考考，老师的法宝”。

考试成绩真的特别重要，往大了说可以决定我们未来的发展，往小了说可以影响我们的心情，一旦考砸还会在同学们面前丢面子，更有可能让老师和家长失望。这些都会给我们带来很大的压力。

当我们给考试赋予了这么多意义，背负着这么多东西上考场，我们怎么能不紧张呢？

其实，我也和你们一样，是从小到大经历了各种考试，一路被考过来的——只是还没有被“烤煳”。其实这和我的考试心态关系特别大。下面就来和大家分享一些我和考试之间的小故事。

上学时，我的成绩一直处在中不溜儿的位置，在考试这件事情上属于坚定的“不对答案”派，严格遵守老师关于“考一科丢一科”的嘱咐，每次一考完试就离班里那些对题的“学霸”远远的，然后躲在一边慌慌张张地赶紧再看两眼下一科考试的复习资料。

这么一想，那时候的我虽然算不上“学渣”，倒应该是“学酥”无疑了，看着学习过硬，其实一戳就碎的那种。

正因为如此，每每在外面被冠以“学霸”的称号，我总是诚惶诚恐。

上了大学，没想到连中不溜儿都很难守住了，因为北大的同学们几乎个个都是“神级”人物，比如我宿舍的三位室友都是年年拿奖学金的实力派，搞得我压力很大，几乎每次期末考试前都会哭着给我老妈打电话，嚷嚷着复习不完了，要挂科了，也确实拿过几个垫底的成绩，情况那叫一个惨不忍睹。

好在经过从小到大多年的历练，我慢慢也摸索出了一套合适的“考试心法”，那就是考试前尽早做复习计划，按部就班进行复习；考试后不纠结成绩，而是着重分析试卷进行反思总结，并做下一阶段的学习计划。

首先我们来说考试前的心态该怎么调整。有一个秘方送给你，那就是“尽人事，听天命”。

所谓的“尽人事，听天命”，指的就是在考试之前，尽我们的最大努力为考试做准备，也就是充分复习。

考试之前的复习是“定心丸”，可以一招解决所有考前焦虑、紧张的问题。为什么考试前会紧张呢？原理很简单：就是没复习好，觉得可能会考到不会的东西，心里慌嘛！

而当你真正做好复习工作的时候，考试的内容都在你的射程范围之内，能做到“考的都会”，又怎么需要祈求“蒙的全对”呢？

那有的同学可能要问了：我也复习了，可是怎么还是慌得不行啊？这是因为光复习了还不行，得复习充分了才可以。那到底要复习到什么程度，才算是复习充分了呢？如果只是象征性地翻了翻书，那可不行。

记得几天前一个学生问我，考试之前是该看书上的知识点，还是该看自己的错题？

我一想，这个问题其实没办法回答，因为知识点和错题，这两个都是很重要的复习内容，根本没办法取舍，而应该全部都复习好：知识点没学明白，题就难免不会做，在遇到变化的题型时更没办法做到举一反三；可是如果错题没有回顾，上次丢分的地方这次很可能还是不会，就容易同一个题型反复错，掉到同一个坑里去。那如果知识点和错题都没有复习好，这相当于是人为给自己的考试制造了障碍，挖了很多坑，就像是即将要走上一块满是地雷的战场，你说说，这搁谁谁能不紧张啊！

所以，知识点和错题都需要认真复习。这两种中的任意一个没做好，都算是没有复习好。

其实，这个同学遇到的真正问题是复习时间不够了，只能被迫有所取舍。可以想见，他这么匆匆忙忙地复习应考，是很难在上考场前做到心里有数的。在考试的时候，他就很容易因为没复习充分而遇到一些不熟悉的内容。

那么，我们怎么才能做到充分复习呢？很重要的就是要努力避免上面那个同学面临的问题，要给复习留出足够多的时间，尽早开始规划、安排，才能尽量全面地为考试做好准备。

我还记得自己在高考前的两个月，曾经特别特别焦虑，有一天晚上怎么都睡不着觉。我当时在床上翻来覆去地想：完蛋了，要看的东西还有好多好多，时间不够，复习不完了！折腾了一会儿，我寻思反正也睡不着了，不如起来做点有用的事。我不是感觉要复习的东西很多吗？那我就把它们全都列出来，再安排上！于是我干脆就起来坐到书桌前，拿出了一张大纸，开始写一个详细的复习计划。

在做这个计划时，我从每一科，到高考前要做完哪些事情、看完哪些复习资料、看几遍开始梳理，列出了所有要做的事情。之后再把这些任务安排到每一个月，再把每个月的任务拆解到每一周和每一天，最后还留了三天的机动时间。

那当时我的计划里包括了什么样的任务呢？具体地说，在应对考试时，我们需要先用一段时间来完成对知识点的复习、梳理或者记忆，往往需要反复看书、用荧光笔标记重点、难点，并整理到自己的本子上；接下来就要回顾自己的错题，熟悉常考的题型和自己容易丢分的地方，针对自己掌握不够扎实的部分可以再做一些练习，尽量做到之前丢分的这次不丢分、之前不会做的这次能做对；到了临考试时，如果还有时间，就再回顾一下知识点，或者梳理答题技巧、答题思路、得分点等等。

做完这个计划，我长舒了一口气……虽然要做的事情依然很多，并不会因为我做了计划就变少，但是知道只要按部就班地进行，完成所有复习目标，就是尽了全力、做好准备了，所以我就安心地睡觉去了。后来我真的逼着自己按照这个计划把复习任务都完成了。

我还记得在高考前两天晚上九点多，我合上书，从卧室走出来，对正在看电视的老爸老妈说："我都复习完了。"那一刻，虽然即将要上考场的紧张还在，但是我心里却是踏实的，因为我知道自己已经做完了所有我能想到的、能做的，所以只要正常发挥，不论考得怎么样，我都知道我无怨无悔，没有遗憾。

这也是为什么"学霸"们往往在临考之前表现淡定，也总是能考好的原因。他们不是不学习，也不是不紧张，只是提前做了规划，提前达成了学习目标，完成了复习工作，所以能做到心里有数，胸有成竹，考试心态也好了很多，也就更能发挥好。

比如，在我上中学时，每次英语考试之前，在别的同学抱着书本疯狂背单词的时候，我却都是在看美剧，还总是能考出年级前几名的好成绩，很多同学都感觉奇怪，甚至很不服气。但实际上我并不是不学英语就能考好，而是把功夫都用在了平时，在日常学习中积累了足够大的词汇量和阅读量，训练出了比较好的语言能力。在考试之前也会提前几周安排自己的复习计划，背单词、复习课文、看错题，所以到了考试的时候自然可以做到“肚里有货，心里不慌”。

除了做好准备之外，影响我们考试心态的另一个重要方面，是对自己的考试结果是不是有一个合理的期待，是不是定了一个适合自己的目标。

认知心理学家维果斯基提出了一个关于学习和发展的理论，可以用来解释这个问题，那就是我们每个人都有一个属于自己的“最近发展区”，处在这个范围里的知识和能力对我们来说不会太简单，也不会太难，恰好是我们在一定的支持下努力学习所能获得的能力。这个理论被广泛应用于指导老师的教学，那么对于我们自己来说，尤其是在制定学习目标的时候，也是非常好用的。

就像我们常说的，“心急吃不了热豆腐”，比如数学学得不好的我，就不能指望自己通过很短时间的学习就在下一次考试中拿高分，而是要先把“进步”作为自己的目标，哪怕只是进步几分，排名进步几名，我都会很高兴。我们在考试这件事情上不跟别人比，只跟自己比，为自己设定合理的目标，可以有效缓解我们的紧张感和焦虑情绪。在看到自己一点点地进步时，又会获得很强的正反馈，感受到学习的快乐与成就感。

除此之外，要在面对考试时有更好的心态，我们还需要学习正确面对考试成绩。

这就要回到考试的本质来说。我完全能理解你们现在面对考试的心情，真的是烦不胜烦，恨不得永远不要考试——我以前也是这么想的。可是做了老师之后才真正明白了考试的目的是什么：考试并不是为了给你们每个人排序和定性，而是用来检验大家这段时间的学习效果和学习状态的。

从老师的角度来讲，考试的目的绝不是考倒同学们，只是给大家提供一个自我检视的机会，可以看一看前一段时间学习的成果如何，该学到的知识有没有掌握。这样，你就可以更加有针对性地调整下一阶段的学习目标，解决这次考试中暴露出来的问题。

其实，学习本来就是一个“学——反馈——继续学——再反馈”的过程。考试，就是中间重要的“反馈”过程。在考试中，出现错题其实没什么可怕的，我们甚至应该感到高兴，因为这些错题暴露出了我们学习上的问题，我们现在才有把它解决掉的机会——如果到了高考的时候才第一次遇到，那才真是倒了大霉呢！

如果我们能好好利用每一次考试的机会，透过考试的分数看到试卷上值得我们关注的难点、易错点和知识漏洞，并因此制订下一个阶段的学习计划，优化和改进我们的学习过程，就会使得我们的学习更有针对性，更加高效。那么到了真正的大考，比如中考和高考的时候，我们就会更有把握，状态也就更放松。

其实，除了我们讲到的这些考试紧张的“治本之法”之外，调整考试心态还有一个小方法，就是运动。运动是一件很神奇的事情，它是一种主动放松的方式，因为运动可以让大脑释放出多巴胺，帮助我们快速调节情绪，在压力很大的时候帮助我们休息身心，更好地进入学习状态。

我记得在美国读研究生时，很多同学都有日常运动健身的习惯，越是到了考试周的时候，健身房人越多，就是因为大家都感到精神压力很大，需要多多运动来减压。我自己在高中时也有每周跑步的习惯，这种减压方式既健康又有效，干吗不试试呢？

可是，你们别看我说得这么轻松，其实在大考之前我也是很慌的……高考前一天的晚上，我又失眠了，到凌晨两三点还睡不着。当时我真的感觉完蛋了，肯定会影响明天的发挥，结果就更焦虑……最后昏昏沉沉地睡去。结果第二天早上到学校，进考场的时候听到前后左右的同学都在抱怨自己昨天晚上睡不着觉，我这才松了一口气：原来大家都紧张得要死！

所以你看，考前的紧张是正常的，甚至很多时候可以帮助我们重视考试，在答题时更专注高效，正所谓“急中生智”嘛！

所以，在考试这件事情上，大家一定要把功夫用在平时，并且提前开始复习；真的到了临考试时，就只用放松心情、好好吃饭、好好睡觉，尽量做好准备，在考场上正常发挥就好。至于最终成绩怎么样，就不是我们所能控制的了，就随缘好啦。

说到这里，大家是否对如何对待考试、如何看待成绩有了新的理解呢？

回顾一下这节的内容：解决考试紧张的方法，就是在平时好好学习，在考前好好复习，并且把考试作为一个检验自己学习成果和学习状态的方式，然后在考试中努力平稳发挥。

所以，考试没什么可怕的。它不是老师给我们求学之路上使的绊子，而是自己稳步上升的梯子，正确对待它们，我们就可以在一次一次的检验中不断进步，逐渐接近我们自己的目标。

语文学习

——从阅读到写作

其实学校和老师让我们学习语文，归根结底还是希望我们能通过这些课程和考试，获得阅读和表达的能力——这也应该是我们学习语文的真正目的，那就是能够看到并看懂更多好书、好文章，掌握通过阅读来愉悦身心或者学习知识的能力，同时，还能用流畅的语言准确把自己的想法表达出来。有了这些生活中重要的能力，其实比在语文考试中得高分更重要，你说对不对呢？

一说到语文学习，往往会收到两种截然不同的反应。

有的人会很轻松地说：语文嘛，不就是看看书、说说话、写写作文嘛，我们每天都在说汉语、用汉语，有什么难的？

有的人呢，却感觉语文太难了！明明每个字都认识、每句话也都能看懂，可是这文章在说什么呢？云里雾里的怎么都搞不明白，每次考试的时候，答题就答不到点子上；作文就更恼人了，不是跑题，就是不知道写什么，总是拿不了高分。文言文对于很多同学来说也是心中的痛，感觉仿佛在学习一门外语。

是啊，中文是我们的母语，我们生活的全部都离不开它，语文也就因此成为非常重要的一个科目。别看我们对中文都很熟悉，但要学好语文可没有那么简单！这节我就来聊一聊我这个北大中文系毕业生的语文学习方法。

首先，要想学好语文，我们得从读书开始，广泛阅读是语文学习的基础。

为什么要读书呢？现在有这么多娱乐休闲方式，从电视、电脑手机，到游戏、电影、电视剧，读书是否已经失去了它的魅力和意义？我们从小要上课、学习、考试，读一本书的时间可以做好多道题，多拿好几分了，为什么还要读书？

其实，阅读是一个让人受益终身的好习惯。首先，通过阅读我们可以拓展视野、丰富人生感受，享受阅读的过程。我们的生命无论从时间上还是空间上来讲，都是有限度的，但是阅读不同的文学作品却可以让我们体验到不同的人生，拓宽认知的边界。透过那些书页，千百年前的作者正在对我们讲述着历史长河中动人的故事，我们也仿佛可以跟随书中的主人公到世界的每一个角落去旅行。不论我们的真实世界多么纷乱复杂，书里永远有另一个世界在等着我们探索，这种感觉真的太奇妙了！所以，阅读真的可以打开我们通向更广泛的世界的大门，是一件非常令人愉悦、令人享受的事情。

同时，阅读也可以让我们增长学识，通过读不同的书获得新知识、新视角，让我们成为“博学”的人。拿我自己来说，博学可能算不上，但是兴趣爱好真的非常广泛，方方面面也都略知一二，不管碰上学什么的朋友都能兴致勃勃地聊上几句，这就要归功于我从小读的各种各样的书和杂志了。我记得自己上小学的时候，就喜欢读书看报，关心的、思考的事情好像和班里别的小朋友就不太一样，经常“语出惊人”。

记得在2003年的一次语文课上，老师让大家说一说这个礼拜发生了什么值得记住的事情，大部分同学说的都是吃了什么好吃的、去了什么好玩的地方，而我呢，站起来却说：“这个礼拜杨利伟乘着‘神舟五号’飞上了太空，我觉得这是值得记住的事情。”当时可把老师惊呆了，没想到我这个小不点儿竟然有这样的想法！其实这是因为我一直有读报纸的习惯，每天回家的第一件事都是坐在沙发上把当天的报纸翻一遍，才去写作业，这让我可以跳出自己生活的小圈子，看到社会热点，甚至世界大事，因而也就更早地有了对这个世界更加充分的认识和思考。

除了读报纸呢，我还喜欢读《中国国家地理》这样的杂志，还有《法布尔昆虫记》这一类的科普读物，小时候家里有一本《百科全书》，都被我翻烂了！所以不论是历史地理、文学哲学，还是生物医药、计算机工程，这些东西我都很感兴趣，遇到问题也习惯于通过自己查资料、看书去了解。这些为我后来的发展奠定了特别重要的基础。

除了愉悦身心和拓宽视野，阅读还是一件能修炼我们心智的好事情。通过阅读经典的好作品，我们可以体会到里面正确的人生价值观，也可以从书里面或者自信勇敢，或者特别坚忍有毅力的主人公身上，学到他们面对生活的心态和方式，这些都能帮助我们保持积极向上的精神状态，渡过生活中的难关。比如我在小学时读的《飘》，那时候就被女主人公斯嘉丽的乐观和勇敢触动了，我特别佩服她在所有曾经拥有的东西都被毁掉的情况下，还能昂着头说出“明天又是新的一天”。那时候我就在读后感里写，我也希望做斯嘉丽这样面对生活的百孔千疮，还能相信一切都会好起来的人，之后的我也确实在很多困难的时候用书里那一句特别简单的话激励自己——坚持下去，明天又是新的一天。

“腹有诗书气自华”，要知道，热爱阅读的人是特别有魅力的，因为所有人都喜欢跟有气质、有学识、有涵养的人在一起。所以，即便不是为了学好语文，我们也一定要坚持阅读，持续地让它滋养我们的生命。

有人可能要问了，阅读的话，读什么合适呢？比如说，流行的网络小说、仙侠文学，都很好看，读起来可快乐了，我能不能读？我的答案是，当然能读，因为阅读这件事情，“开卷有益”，只要你喜欢读就可以读。我当年上学的时候，也挺喜欢看网络小说的，当时每一本都读得津津有味。但是……千万不能只读这些，因为这一类书就像是生活中的快餐零食，偶尔吃吃，图个爽快可以，但是一直吃下去的话身体就会出问题。我们读书也是一样，不能只读“快餐书”，而要尽量多地去阅读经历过时间淘洗的经典好书，或者至少是当代优秀作家的好作品，那些才是主食，是对我们发展有益的精神食粮。我当时是怎么做的呢？我会把网络小说当作“奖赏”，只有当我读完至少两本经典好书，甚至是一些有点难度的“大部头”的时候，才会允许自己读一本网络小说，而且一定是在完成课内学习任务的情况下才能读——当然即便这样，还是要躲着老妈老爸，毕竟他们这些“古板”的大人是无法理解仙侠世界的奇妙的！

所以，读书的范围大可以广一点儿，读的书大可以杂一些，感兴趣的都可以读一读，但是主要还是要多去看经典的好书，这样才能保证我们吸收更多有价值的信息，获得更多有意义的成长。

说了这么多，你是不是明白了我们为什么读书，以及要多读什么样的书了呢？其实，最纯粹的阅读应该是不带功利心的，应该是去享受阅读的乐趣，但是当我们把语文作为一个学科，为了应对重要的考试，我们也可以将这个过程利用得更充分一些。也就是说，我们读书时可以更有针对性地去读，在阅读中寻找那些能够丰富我们语料库的东西。这就是我们常说的“读写不分家”，因为阅读是写作的基础和来源。

具体而言，我们要怎样阅读才能更好地完成从读到写的转化呢？其实初中和高中的侧重点又有所不同。

初中的作文以记叙文为主，需要我们有丰富的生活体验，有深入的感悟和思考，再通过优美的文字、细致的描写把体验表达出来。评价一篇好文章的标准是，文笔是否流畅、故事是否吸引人。那么在阅读中我们要注意的便是如何描写、如何表达，文章才能更生动。如果你遇到了写得特别好的句子，甚至是段落，就不妨把它画出来，再整理到摘抄本上，时时翻看，在写作的时候学习和模仿，这样我们的语言也会慢慢变得更加生动细腻，文章也就越写越漂亮了。我在初中时就很擅长写这种“讲故事”加适当抒情的文章，作文经常被老师当作范文来让大家学习。

可是到了高中，情况竟然发生了翻天覆地的变化：我们主要写作的作文类型从记叙文变成了议论文，支撑一篇文章的是好的事例和好的观点。而这个时候，非常擅长刻画描写的我，竟然因为思维训练不够，遇到了很大的瓶颈，文章老是写不好。

这时，老师的一番话点醒了我：“评价文章好坏通常只有两个标准——丰富和深刻。两点占据一个，就足以让我们的文章脱颖而出；而若是两点都有了，那么完成的则是一篇几乎无可指摘的好文，到哪个老师手中都是高分。”什么叫“丰富”呢？就是文章有很充分的好论据、好例子在支撑我们的观点。“深刻”指的则是文章观点的深度，是最见水平的地方，因为它对我们思维能力的要求比较高。“深刻”要求我们从一个作文题目出发，提出一个恰切的观点，在不断的论证中层层深入，最后挖到一个内核，找出问题的实质。那时我明白了，最好的议论文应该给人一种酣畅淋漓的感觉，有理、有据，戳到人们内心深处某种柔软或脆弱的东西，引起共鸣，发人深省。

知道了什么是好的文章，那么接下来我就开始有意识地在看书的时候注意那些动人的事例，有名有姓，有因有果，只要是触动到我的，都可以记下来，成为非常好的素材。积累的好案例多了，在写作文时我们才能撇开那些“陈芝麻烂谷子”的事例，用到别的同学很少能谈到的新鲜事例来论证我们的观点，给人“眼前一亮”的效果。与此同时，我们也可以从书中读到精彩的思辨语句，比如某个哲学家说出的经典的话，或者是作者的几句精辟的总结，会给我们一种“就是这个感觉！就是这个意思！他说得太透彻了”的激动感。这样的句子和观点，如果能内化为我们思维的一部分，被我们运用到写作当中，那真是会让我们如虎添翼，文章的深度自然比其他同学的高了一个等级。

所以，在写作文这件事情上，漂亮流畅的文笔当然很重要，但是更重要的呢，还是我们通过文字所表达出来的思想——这可不是一朝一夕能得到的东西，所以可得从现在就开始好好阅读，好好思考，努力做一个“肚子里有货”的人哟！

到了中学，在语文学习中还有一块“硬骨头”，就是文言文。

很多同学感觉文言文看不懂、记不住，我这里就有一个小妙招，那就是“三行对译”法。在初中学文言文的时候，老师教我们用三行横着排列的文字来注释，第一行先抄原文，第二行是写出重点实词、虚词的释义，第三行是根据注释做整句翻译。这样的记笔记方式有些费事，但以我的亲身体验来看是非——常——有——效——的！

从初中开始我就养成了这样的习惯，所以每一篇文言文我都学得比较扎实，每一个实词、虚词基本都记得挺牢的。随着年级的升高，学的文章越来越多了，我的积累也越来越多，读文言文的能力也越来越强，学得也就越来越轻松。上了高中，很多同学因为文言文的问题焦头烂额，我却从来不用担心，那些考试题全都不在话下，小菜一碟，这全是得益于我细致严密、滴水不漏的文言文笔记啊！学文言文和学英语有点像，它们都是一种“语言”，我们要在理解文意的基础上才可能把题做对，所以这个“三行对译”的好方法，你也可以试一试！

学习语文这么久，你是否想过，我们到底为什么学语文呢？

其实学校和老师让我们学习语文，归根结底还是希望我们能通过这些课程和考试，获得阅读和表达的能力——这也应该是我们学习语文的真正目的，那就是能够看到并看懂更多好书、好文章，掌握通过阅读来愉悦身心或者学习知识的能力。同时，还能用流畅的语言准确地把自己的想法表达出来。

掌握这些生活中重要的能力，其实比在语文考试中得高分更重要，你说对不对呢？

数学偏科怎么办？我是这样从不及格考到137的高分的

真的很希望每一个你都可以更勇敢一点儿，咱们就和自己的弱科“死磕”！咬咬牙，发挥出自己最大的潜力，证明给那些不相信我们能学好的人看，也证明给我们自己看，我们不㞞，我们能做到！

偏科，这简直是让同学们最头大的一个问题。每个人在学习的时候，或多或少都会感到自己有擅长的科目和不擅长的科目，那些不擅长的科目往往让我们束手无策，做了很多努力也没有起色，于是有的同学就干脆“破罐子破摔”了。

可事实是，中考和高考都是综合性考试，科科都要考，而且每门学科的分值都很大。这样一来，如果我们有一门甚至是几门严重“瘸腿”的学科，那就对我们的总成绩影响很大。说到这儿，大家可能会感觉压力很大。

这章呢，我们把“偏科”和数学学习放在一起讲，你猜猜是为什么呢？其实我和你们中的很多人一样，上学的时候偏科也很严重，最害怕的就是数学，我的英语和语文都学得很好，但是数学就是怎么也学不明白，上课跟不上老师，下课作业也总是不会做，考试也总是挂科……但是，最后我还是没有被它拖后腿，并且成功考上了北大。

我是怎么做到的呢？这节我就用自己“战胜数学偏科”的过程，来聊一聊怎么学数学，还有怎么解决掉那门我们学得不好的科目。

我和数学的“恩恩怨怨”，其实从我很小的时候就开始了——第一次数学不及格，是在小学五年级的时候。要知道，那时候身边的很多同学还在拿双百、三百呢，我就已经开始挂科了！从那个时候起，我对数学就开始有了一丝丝恐惧。后来还好跌跌撞撞地上了初中，结果中考前几个月我的数学还是挺差的，满分 120 经常考 70 多，以至于初三的时候我靠着语文和英语往上拉分，拿到高中部的保送名额时，数学老师瞪大了眼睛，完全不敢相信。

后来上了高中，我和数学的“新开始”也不咋样。我记得刚上高一的时候，学的内容是“集合”，其实是挺简单的内容，但是我第一次考试就没及格，发卷子的时候心里特别难过，脸上也很挂不住，所以就特别认真地学习了几个星期。结果下一次考试，卷子发下来了，我一看桌子上的试卷，又是 50 多分，还以为是上次考试的卷子呢，结果仔细一看，是我这次又没及格……

那段时间，我的心情是崩溃的。这一系列的打击让我彻底看到数学就害怕，只差一点点就要放弃了。一旦放弃了，我就会进入一个越恐惧、越逃避，就越学不好的恶性循环。

可是，那时候虽然我真的很抵触学数学，但是又知道高考一定会考数学，我需要那150分来考进理想的大学。那这个坎儿我是绕不开的！绝对不能放弃。

而且，在那个时候支撑我的还有一个信念：虽然数学对我来说很难学，我想成为数学家估计是没戏了，但是在中考、高考这样的升学考试面前，偏科的问题是可以被解决的。

这也是我经常对学生说的话，尤其是对学习没有信心的学生。

其实，但凡是考试就都是有套路的。我们不擅长某个领域，可能就很难在这个领域成为专家，但是学好知识点、做对题，在中考、高考考个看得过去的分数，并没有那么难。

要真正战胜偏科，我们首先要过的是自己心理上的那关：我们需要接纳这个不完美的自己，摆脱自卑感与畏惧心理，勇敢地去面对自己的弱势科目。

所以说，面对偏科，不要害怕，我们要带着必胜的决心，要相信我们一定可以战胜它。这就迈出了战胜偏科的第一步。

但是同时，我们也得做好吃苦的准备，因为这注定是一场攻坚战、一场持久战，需要我们咬紧牙关跟它“死磕”，才能有最终的成效。

下定了决心，我们还需要为自己设立一个切实可行的目标。

对于一门我们不擅长的科目，我们的目标当然不是要在短时间内超过那些能力很强的同学，而是只要不断进步，尽量把成绩拉到平均分上下，下一步再争取高于平均分，就足够了。

想好了这些，我们便可以说做好了战胜偏科的心理准备，接下来就该付诸实践了。

那么具体有什么方法呢？

第一点，要想让劣势科目赶上大部队的步伐，大前提便是给它足够多的时间和精力。

为了把一门“瘸腿”的科目补上来，我们就不能在这个学科上用和其他同学一样的时间、做和别的同学一样的事情，而是要给自己加工作量，用加速度追上他们。可是中学的学习节奏是越来越快、越来越紧张的，这需要增加的时间从哪儿来呢？

我的方法就是，把时间和精力向这个科目倾斜。

举个例子，我在制订每天的学习计划时，会把晚上六点到八点的思维黄金时间留给最让我头痛的数学，这样就可以更快更好地学明白它。同时，对于其他科目的作业我会根据自己的情况进行调整，有的可以写得不是那么细致认真，但是数学作业我一定会认认真真、不打折扣地写好。比如我英语学得很好，每天都会很快写完英语作业，把这部分时间省出来，用来学数学。

那么我们有了时间，该从哪儿下手补这门弱科呢？

我建议大家从最基础的知识点开始补起。如果是英语，那就从背单词、增加词汇量开始；如果是数理化，就从基本的公式概念开始看起；如果是史地政，也是一样，可以先看课本，梳理时间轴、整理地貌特征、想明白那些原理。

基础知识是做题的基础，有了这个基本的铺垫，我们就可以开始做题，加强练习重点、难点，把自己搞不明白的部分、做不对的题，都弄清楚，整理到错题本上，再辅以针对性练习，一点儿一点儿地解决掉我们在考试中会丢分的点。关于这一部分，大家可以回去看《做好错题本，让你快速提分》，并用里面讲到的学习方法来快速提高成绩。

在这里还需要强调的一点是，要想解决偏科的问题，我们一定要“勤学好问”，一遇到问题就问，问同学、问老师，尽量不积攒问题。这是一个非常高效的解决问题的方式，因为很多难点我们自己闷着头想好久都想不明白，但是同学或者老师的几句话，可能就道破了天机，一下子把我们点醒了。

除了下课多问问题，我也鼓励你在课堂上多发言，多向老师提问。

以前我也是不爱在课上发言的，尤其是自己学得不好的数学，越是听不懂，越是要假装听懂了，总觉得要是自己问了一个很傻的问题，该多丢脸啊！结果呢，问题就像雪球一般越滚越大、越滚越吓人。在高三的时候，我克服了这个心理障碍，开始变得厚脸皮，但凡是课上没听懂的问题，我就会马上问，有时候还会一直追问，直到听明白为止；如果还有不明白的，一下课我也会马上找老师问，实在不行就去办公室登门拜访老师。这个转变对我提高数学成绩起到了关键的作用。

当然我也知道对于很多人来说，上课向老师提问并不是一件特别轻松的事情，尤其是遇到一个自己不那么熟悉，甚至不那么喜欢的老师……这就要提到我在做老师之后，发现的一个有趣的现象，就是很多同学是因为不喜欢某个学科的老师，连带着就特别抵触学这门课，上课也不听了，下课作业也不做了，结果成绩一下子就下来了。再问一问不喜欢老师的原因，有的同学说是觉得老师太严格了，上课批评人很凶，有的说觉得老师针对自己，总点自己的名，对自己不公平。不知道你们有没有过这样的感受？

其实，大家很多时候真的是误会了老师的用心：只有负责任的老师才会一遍一遍地在课堂上强调学习的重要性，才会因为学生不听讲或者是不写作业而着急上火；而那些不在乎学生的老师，才会永远像个老好人一样，对学生没有任何要求。老师也是人，有时候太着急了就会忍不住发脾气，凶你们，背后其实全都是希望大家能学得更好的一片苦心啊！

再退一步说，即便我们很不幸，真的遇到了和我们不对路子的老师，那么我们该怎么办呢？是跟老师对着干、死活不学他教的科目了呢，还是把老师作为帮助我们学习的资源，利用好这份资源来学到知识，提高成绩，实现自己的目标呢？

我相信，聪明的你，一定会选择后者。因为，为了任何一个理由牺牲自己的前途，都是不值得的，不论那个人是谁！你说是吧？所以，与其跟老师对着干，不如试着理解和接受每一位老师，或者至少不要因为对于他们个人的好恶，而耽误了自己的学业。

其实，我曾经也不喜欢我的数学老师，觉得他讲的内容太难，而且还好像偏向班里那些成绩好的学生。

所以刚开始找老师问问题的时候我也很紧张，但是，为了把自己的弱科补上来，我就想着，豁出去了！于是我就通过厚脸皮地提问，成功吸引了老师的注意，才知道我们老师其实是一个很和善也很耐心的人。他感觉到了我对这门课的重视，就也开始注意我的学习情况，在课下会给我进行针对性辅导，甚至在上课时也开始和我进行眼神交流，根据我的理解程度调整讲课进度。这对于那个时候挣扎在数学及格线边缘的我来说，真的是特别大的鼓励。

就这样，我的数学成绩慢慢好起来，一点点地接近平均分，然后稳定在平均分之上几分，有几次考试还超常发挥，冲进了第一梯队。

最后在高考的时候，我的数学得了 137 分。虽然这个分数在班里并不是前几名，但终于没有给我的总成绩拖后腿，帮助我成功考上了北大。

对每个人来说，战胜偏科的过程都一定是漫长而又痛苦的。常常是我们努力了好几个月，可是下一次考试还是考得很不好，让我们忍不住怀疑这样的坚持是不是有意义。但是失望之后，我们要知道的是，当然不是所有的努力都能在第一时间有相应的回报，但是如果我们放弃了，就肯定只有失败这一个结果了。其实，失败也不可怕，最可怕的是遗憾，是“我本可以”。如果很多年后，我们回头看现在的自己，想到的是“我本来可以更努力一些，本来可以考上更好的学校的”，那时候心里的感觉，才是真的痛苦。

所以真的很希望每一个你都可以更勇敢一点儿，咱们就和自己的弱科“死磕”！咬咬牙，发挥出自己最大的潜力，证明给那些不相信我们能学好的人看，也证明给我们自己看，我们不㞞，我们能做到！

一个人能够战胜自己的弱点，是最了不起的事情。

英语——背单词其实没那么难

一定要复习、复习、再复习，最好每天复习、每周复习、每月复习，踩好遗忘曲线的每一个关键时间点，去巩固我们的记忆，这样才能真正增大我们的词汇量、快速打好语言学习的基础。

我曾在网上看到过这样的问题：四岁的小朋友词汇量 1500，够还是不够？回答是：在美国是够了，在海淀还不够。

这个段子是在说北京海淀区的家长让小朋友从小学习英语的疯狂劲儿，当然是有点夸张了，但是它也反映出一个挺重要的道理：词汇量是学英语的基础。

确实啊，学英语不认识单词的感觉，就像是学语文不认识字，读也读不懂，听也听不明白，写当然也写不出来了。

词汇量是重要的，但是背单词却是让很多同学最头疼的事情，总是记不住，记了也还是会忘。其实几年前我在美国读完书，毅然决然要回国当英语老师，就是因为我们很多同学上学的时候学英语学得太苦了！

从小就开始背单词、背课文、背那些根本听不懂的语法知识点，然后就是听力、单选、完形填空、阅读理解各种题目的轮番轰炸，把孩子们炸得都“煳透”了，很多本来对语言感兴趣的孩子，也在这个过程中被打消了积极性，开始讨厌英语。诚然，在高考的压力下，我们在学习的时候不可能不考虑考试，但是对于英语这门培养语言能力的学科，如果一切以考点和答题技巧为核心来进行学习，效果并不会太好，很可能到最后发现机械化地背了很多单词和语法知识，考试时还是听不清，读不懂，也写不出，多让人沮丧啊！

幸运的是，我学习英语的过程不太一样。在我的记忆中，几乎没有经历过题海战术的折磨，也没有背单词背到吐血的经历，倒是从小学开始看英文电影，从高中开始读英文原版小说，还每周坚持看美剧等，这一类的事情没少做，反而英语成绩还一直很好。

等到在教育学院读研究生时，我学习了第二语言习得的理论，才明白，我那时不小心用上了学习语言最好的方法：就是从听和读开始，给自己大量的语言输入，然后再过渡到说和写，完成这个从“输入”到“输出”的英语学习过程。

其实，英语是一门语言，虽然我们是把它作为一门外语在学的，但是语言习得的逻辑却和我们学母语有很多共通之处，所以学英语绝不仅仅是模仿、记忆和重复。我们来回忆一下，你学汉语的时候，拿着字典背里面的每个字和它的解释了吗？我们能够说话和看书，是因为学了很多汉语的语法规则吗？没有啊！这些东西对于我们能够流利地使用一门语言进行沟通和表达，并没有什么太大的用处。

那么，我们小时候到底是怎么学会语言的呢？其实，最初靠的就是大量地听到身边的人在说话，在这个过程中，小宝宝会努力地分析大人发出的不同声音指的是什么，试图搞明白怎么去表达一个特定的意思，当宝宝发现大人在指一个东西时就会发出特定的声音，他们慢慢就会明白，哦，是这个意思，哦，原来这句话要这么说。这种分析和学习语言的能力其实是天生的，等他们的发音器官发育好的时候，就会开始尝试着发出学到的这些声音来表达自己的需求，实现自己的目的，慢慢在这个过程中去进一步学习和纠正自己的表达，在脑海中生成一套语法规则，最终成为成熟的语言使用者。这就是美国语言学家乔姆斯基提出的“生成语法”理论。

所以说，从语言习得的科学过程来看，我们学习语言并不是从记忆单个的单词和语法规则开始的，而是从大量听到表达完整意思的语句开始。

说到这里可能有人要问，小宝宝学母语是这样的，可是英语不是我们的母语啊，学起来和母语一样吗？当然不是完全一样的，其中最重要的不同点在于我们开始学习这门语言的时间：如果说是从三岁以前，甚至是从出生就开始接触和学习，那么可以基本相当于母语；但是如果从年龄更大的时候开始学，那么就是作为第二语言来学习，也就是外语了。这也是为什么我们在说到学外语的时候，非常提倡孩子尽早接触丰富的外语环境，这样有利于培养出接近母语的英文水平。

那如果我们开始学英语的时候早就过了三岁，甚至是上了小学、初中了，要怎么办呢？语言学家告诉我们，不论从什么时候开始学一门语言，大量的输入，也就是听和读，都是非常重要的，这也就是后来第二语言习得领域重要的语言学家克拉申提出的“语言输入”理论。

说到这儿你是否明白了，其实我们想要真正习得一门语言，仅仅去理解那些语法知识点，意义并不大。那这也就解释了我学习英语的过程：虽然我没有大量记忆背诵，也没有疯狂刷题，但是因为从小有意识地通过看电影、听英文歌、进行英语阅读，就能考出托福 112 分的好成绩，准备高考英语更是感觉小菜一碟，完全难不倒我，出国读书时也能够流利表达。

那么对于我们语言学习者来说，这一条从“输入”到“输出”的英语学习之路，到底要怎么才能走通呢？其中有几个关键点，最重要的就是要给自己创造一个语言环境，进行“听”和“读”

的积累。

听什么呢？读什么呢？核心条件只有一个，那就是一定要是纯正的英文，是原汁原味的英语材料；至于主题和内容，大家可以根据自己的兴趣和英文水平来做出不同的选择。

听，其实是一切语言学习的起始点。我们在学英语的时候，也可以仿照小宝宝浸泡在语言环境里学会说话的道理，给自己营造一个到处都能听到英语的环境。比如我上学的时候，每天早上起床后和晚上睡觉前，老妈都会给我放上一盘英文的录音带，有时是英文歌，有时是英语小故事，有时是课本配套的内容，就这样让我被英语围绕着。后来我长大了，也就开始有意识地多去听英文歌，所以有很长的一段时间我都是不听中文歌的。在准备托福这样的语言考试和高三学习比较紧张的时候，我更是会经常戴着耳机，里面放的不是英语新闻播报就是新概念的课文，或者托福听力，如果实在累了就听听歌，就这么让自己时时刻刻在听英语，几乎是泡在英语的环境里。

在我们现在这个多媒体的时代，“听”和“看”往往可以有机结合在一起，听英文歌曲、看英文电影、看欧美电视剧等，都是在非英语国家给自己创造英语语言环境的方法。我就是从上小学的时候开始看英文动画电影的，那时候还没接触到现在流行的《小猪佩奇》（*Peppa pig*）、《小马宝莉》（*My Little Pony*）这类动画片，看的都是迪士尼或者梦工厂的电影，像最开始的《白雪公主》《睡美人》《斑点狗》，到后来的经典作品《海底总动员》《汽车总动员》《超人总动员》《冰河世纪》之类，都被我看了个遍。

因为太喜欢动画电影了，到现在我还是经常去电影院看动画片，《驯龙高手》系列我一直从第一部追到第三部，《疯狂原始人》也非常惊艳，《冰雪奇缘》更是好电影，这些都是语言简单又纯正，故事丰富有趣吸引人的佳作，是最好的英语学习材料。那时候看电影还不像现在这么方便，都是买了影碟放碟机里在电视上看，现在的你们真的很幸福，各种外语资源都能找到，赶紧把自己泡在英语环境里吧，别犹豫了！

说完了“听”，我们来聊聊“读”。阅读，是发展读写能力（literacy）的起点，按照语言习得规律应该在听和说之后，是一种进阶的语言输入形式。在阅读时，对我们来说最重要的是选择难度适合，也能够引起阅读兴趣的文本——在这一点上，英语阅读和中文阅读其实是相通的。

如何选择难度适合的文本呢？在这里和大家分享一个在美国被广泛使用的“五指法”，用于评估某一个文本的难度是否适合阅读。具体而言，就是张开五个手指头，翻开书的任何一页进行试读，一边阅读一边用手指来统计遇到的生词数。如果只有一个生词，代表这本书对我们没有挑战，甚至有些简单；如果有两个单词不认识，代表这本书的难度恰好适中；如果有三个单词不认识，则代表这本书对我们来说读起来没那么轻松，但也可以独自阅读下去；如果有四个单词不认识，则说明这本书已经超出了我们能够自主阅读的范围，需要在老师的带领下阅读；如果一页书里有五个单词，甚至更多单词都不认识，那么这本书对于我们来说就太难了，是不太适合现在阅读的。

这个评估方法是非常简单好用的，不过针对每个人的情况可以灵活地做调整。比如，我的学生中有的人如果遇到了感兴趣的文本，这本书哪怕是满篇生词，他就是抱着字典生啃也能看下去；有的人呢，可能生词一多，就完全没有阅读兴趣了。所以，判断一本书是否适合阅读，就翻开它读一读试试，看看是否感兴趣，是否能大致看懂，是否有继续读下去的欲望。即便不符合“五指法”的判断标准，只要这本书我愿意读、想读，那么就是适合的，放心地去看吧。

如果要推荐读物呢，0—6 岁的小朋友，或者是刚刚开始学习英语的大朋友，都可以从英文绘本开始读起，让那些图画来帮助我们理解语句的意思；如果有了一定的语言能力，就可以接着开始读像《神奇树屋》（*Magic Tree House*）这样的桥梁书，也可以叫作初级章节书，作为从绘本到章节书的过渡，这种书里面的文字开始变多、图画开始变少，但还是图文并茂、生动有趣的，读起来难度不太大；过了这一关，就可以进入像《夏洛的网》《查理和巧克力工厂》《猫武士》《爱丽丝漫游奇境》这一类儿童文学的阅读，“哈利·波特”系列也可以尝试一下——不过需要提醒你的是，“哈利·波特”系列的语言并不算太简单，所以如果现在感觉看不懂，千万不要着急或者自责，再读读稍微简单、薄一点儿的书吧，过一段时间我们再把它拿起来试试，说不定就能看懂了！

随着年龄增长和语言能力的增强，你就可以开始尝试阅读内容更丰富、主题更宏大、情节也更紧凑的美国青少年文学（Young Adult Literature）了，例如《饥饿游戏》（*Hunger Games*）、《无比美妙的痛苦》（*The Fault In Our Stars*）、《怦然心动》（*Flipped*）等，很适合英语水平中上的中学生们阅读。我的第一本英语青少年文学是在高一时接触到的《暮光之城》（*Twilight*），当时觉得中译本与我期待的有差距。于是我就尝试着找来了英文原版看，没想到，虽然有一些生词，但是竟然基本上都能看懂！于是一口气看完了“暮光之城”系列的四部曲，从此就开始一发不可收拾地一本接着一本看英文小说，阅读量噌噌地往上走，平时学校留的阅读题对我来说都变得超简单，以至于我考试的时候经常提前半小时写完卷子，检查完，然后等待交卷，最后还总是考得很好，把别的同学气得够呛，可是如果他们看到书架上我看完的一本本厚厚的英文原版小说，应该也会心服口服的吧。

在读英文小说的时候，需要注意的一点是，不要每遇到一个生词就去查字典，那样会很累，从而影响你阅读的感觉。其实在语境中猜出一个陌生单词的意思，这也是一种很重要的阅读能力，现在高考就经常有这样的题型。所以你在看书的时候，遇到一个不认识的词，也不用马上查字典，而是可以先看看这个词放在这儿是不是影响我们对故事的理解，如果不影响，那就不理它；如果这个词反复出现，或者出现在很重要的位置，影响了我们阅读，那就仔细读一读前面和后面的几句话，看看是不是能大致猜出这个词的意思。如果可以，那也就不用去查它了；可是如果既影响理解，还猜不出来，确实搞得我们看不懂了，那就可以去查一下，再把它的意思放在原文中去理解。

哎，我们刚开始不是在聊背单词吗？怎么说了这么半天，都是和背单词无关的内容啊？

你仔细想想，真的没有关系吗？在大量听读中你很快就会发现，有些单词会在各种各样的地方反复出现，这样的单词就是英语中普遍使用的高频词，通常也是我们中高考范围内的核心词汇，就像是汉语中的常用字一样。所以说，通过大量输入来学习语言，我们听得多了、看得多了，能够在语境中理解这些词的意思，那还需要去死记硬背吗？这样的方法比抱着单词书来回来去地背，所获得的语言能力更深刻，也更扎实。

说到这儿，有的同学是不是心里特别高兴，我们说了这么多不用背单词书的方法，那是不是真的就完全没有背单词的必要了？很不幸的是，对于我们很多人来说，还是需要背单词的。这首先是因为我们中只有少部分人有从 0—3 岁就开始学习英语，把它作为母语来学习的条件，更多的人是在六岁甚至十二岁以后开始学英语的，最初也没有得到足够的语言输入，更没有一个好的语言环境，可能几年后就要面对竞争非常激烈的考试，所以在这样的情况下，我们需要在短时间内快速掌握别人可以用几年时间慢慢生成的语言能力，那么这时候背单词、做练习题就像是一种强化练习，未必是最自然的，但却可以是很高效的。所以，如果你是还不着急应对升学考试的小朋友，那么可以赶快开始给自己营造一个丰富的语言环境，通过听读输入法来学英语，再尽量多地去表达运用它，可以不用大量背单词；但是如果你是位中学生，特别是基础不算太好的同学，那么可千万要重视词汇量，尽快把课程标准要求的单词掌握住才是最高效的方法。

在这个过程中，时间越紧迫背单词越重要；能够实现的听读输入量越小背单词也就越重要，你可以根据自己的情况来具体分析，梳理出最适合自己的英语学习方法，找到一个最好的平衡。所以对于背单词这件事情，我们也完全可以欣然地去接受它，把它作为提高英语能力的有效方式。

所以说到底，单词到底要怎么背呀？在背的时候，当然不要去机械地记忆，它也是有技巧的：首先要明白，我们背单词是为了建立“形”“音”“义”三者之间的联系，在学习一个单词的时候既要知道它怎么拼，也要知道怎么读，还要知道它的意思是什么。

先说形和音，英语是字母语言，它的拼写和读音之间的联系是很强的，学习这个联系的工具叫作“拼读”，也就是知道各种字母组合的方式所发出的声音是什么，有点类似我们汉语中的“声旁”，这需要我们在学习单词的时候有意识地去拆分音节、记忆特定音节的发音方法，这样知道读音就可以拼出单词，看到拼写也就可以大致猜出它怎么读了，大大减少了我们机械化记忆的负荷。比如 interaction 这个单词，它看起来很长很难记，但是拆开就是 in，ter，ac，tion 这几个音节，每个音节最多也就是四个字母，看起来清晰明了，好拼又好读。

那么英语的形和义之间是否有关系呢？也是有联系的，这就涉及英语中的“词根”和“词缀”，词根指的是单词意义的核心，词缀指的是黏附在词根上构成新词的语素，会改变词的意义或者性质。比如刚刚说的 interaction 这个单词，你能找到它的词根和词缀吗？其实这个词的核心是“act”，它是“行动”的意思，inter 是个前缀，表示“交互”，而 tion 这个后缀则是把 act 这个动词变成了 action 这个名词，和在一起的意思就是指名词的“互动”。很多时候越是看起来又长又难的单词，越是可以拆开来的，就像剥洋葱一样一层一层剥到最后，真正需要我们记忆的东西并不多。

复习一下，刚刚说的“拼读法”和“词根词缀法”这两个学习单词的好办法，你记住了吗？以后再背单词的时候，要把它们用起来哟！当然，即便有了各种各样的技巧，背单词毕竟是需要记忆的，那么我们人的记忆是有一个遗忘曲线的，所以哪怕是现在记住了的单词，明天可能就会忘记。所以，一定要复习、复习、再复习，最好每天复习、每周复习、每月复习，踩好遗忘曲线的每一个关键时间点，去巩固我们的记忆，这样才能真正增大我们的词汇量，快速打好语言学习的基础。

到这里，你是不是感觉这篇文章的信息量爆棚？我们来回顾一下，它包括英语学习的科学原理、有效输入的方法和背单词的技巧。

有一句话我非常喜欢，那就是：我的语言的边界就是我的世界的边界。

是啊，掌握了一门语言就像是多了一把打开某一种文化之门的钥匙，能够直接去聆听和阅读那个世界里的声音，和那里的人直接沟通，这是非常神奇的一件事情。

希望读了这些内容后，你可以更好地理解英语学习的过程，并慢慢地爱上语言学习，用这把金钥匙解锁丰富的人类精神世界。

攀登书山也能“抄近道”

好成绩不一定是题海堆成的，掌握了“偷懒”的妙方，拥有了自己的学习方法，提高了学习效率，轻松学习，事半功倍，并不是那么遥远。

我从来不是个“好学生”。这是我一直引以为傲的一点。

当老师、同学、父母眼中的“好学生”们勤奋专注、严肃认真、心无旁骛地“两耳不闻窗外事，一心只读圣贤书”之时，我却总是嘻嘻哈哈、玩玩闹闹，一副吊儿郎当的样子，无论身边学习氛围怎样紧张，我也是吃喝玩乐样样不落下，就是不愿多花一点儿功夫在枯燥的学习上。学习那么无聊，那么烦，谁喜欢啊？

但我这个不学无术的“坏学生”，却很离奇地有还拿得出手的成绩。这并不是因为我神通广大、天赋超群，而是得益于我的一个特点——懒。

有的同学要奇怪了：“哎，你懒，我也懒，怎么我越懒成绩越差，你越懒成绩就越好呢？”非也非也，此懒非彼懒也：我的懒可不是什么也不做、消极怠工的“懒”，而是为了省力省劲儿，凡事总找捷径、寻小路，来节省必要学习时间的“懒”。

正所谓“懒惰之心，人皆有之”，生活中我们都爱偷懒，就像爬山时坐缆车或抄近道一般稀松平常。那么面对学习这项躲不开的苦差事，何不也抄抄近道、偷偷懒呢？

偷懒偷出好成绩的方法其实并不复杂。只要拥有“良好的学习习惯”与“适合自己的学习方法”这两招必杀技，你也可以像我一样，学习玩乐两不误，成为旁人膜拜的“大神”级人物。

记得升入高中时，我是班里拖后腿的“大尾巴”，对于那些似乎毫不费力就能够掌握知识、取得优异成绩的同学，我只能酸酸地说一句：“聪明人就是不一样啊……”但是，几次偶然的机会，我“偷”来了不少优等生的独门秘诀。

坐在我后面的阿鹏有着整齐精练的语文易错字词、成语积累本，考试前在所有人都抱着厚厚的卷子、复习资料焦头烂额的时候，阿鹏却只盯着这个小本子看，最后还取得了很好的成绩，大有“四两拨千斤”的风范。

还有班长小野，总是在数学课上一心二用，抓紧老师讲他已经会做的题目的时间，研究自己不会的内容或是写作业，结果常常是一放学他便轻轻松松地打球、玩游戏去了，每每考试还能得到令人羡慕、嫉妒的成绩，留下一个“谈笑间，樯橹灰飞烟灭”的潇洒背影。

……

看着身边各有奇招的同学们，我不禁自愧不如。原来好成绩不一定是题海堆成的，掌握了“偷懒”的妙方，拥有了自己的学习方法，提高了学习效率，轻松学习，事半功倍，并不是那么遥远。

心动不如行动！我赶紧着手优化了一下自己的学习方法，现在来和你分享。这些小技巧虽然不一定对每个人都适用，但希望多多少少能给大家一些帮助。

首先，是要拥有属于自己的独特笔记。我平时便喜欢收集装帧精美的小物件，信纸、贴画、包装纸，花里胡哨地装了满满一抽屉，每一件我都拿起来就不舍得放下。这次我抓住自己这个心理，购买了一套精美简洁、质量上乘的笔记本，并在封面上写好了对应的科目名称。捧着赏心悦目的笔记本，是不是会有一种往上写字的欲望呢？在课上，我开始努力更加笔迹清晰、内容有条理地记笔记，尽量保持本子的整洁。因为我知道笔记最大的价值是用来复习，而如果自己写的东西乱七八糟，看着就闹心，记过一遍连翻看的欲望都没有，那么用了再精美的笔记本、记了再丰富的笔记，也只怕是“暴殄天物”，既浪费了纸张，又浪费了墨水。

其次，是复习和预习。这两项工作是非常容易被我们忽略的，因为即使不复习，我们也能凑合着把作业做个八九不离十，即使上课之前不预习，我们上课也能凑合听个八九不离十，感觉不到太大的负面影响。再加上复习和预习会占用一些时间，看起来是费力不讨好的事情，所以很多同学都懒得去做。但只要试过了就会发现，它们其实是非常有效的，很值得我们去实践。

一天的课上下来，有时候头昏脑涨的，脑子里好像被塞进了好多知识，但是有些内容朦朦胧胧还没记牢，有些干脆已经忘得差不多了。这个时候写作业，效率往往不太高。而复习可以帮助我们巩固一天学习的知识，让我们写作业写得更快、更轻松顺畅，也更容易做对题，让我们的正确率越来越高，也越来越自信。预习呢，则可以让我们在上课之前熟悉学习内容，在预习的过程中我们会发现一些不理解的地方，那么第二天就可以带着问题去上课。这样一来，在课堂上我们就能够比没有预习的同学吸收得更快。听课效率提高了，也能让我们体会到那种“众人皆醉我独醒”的优越感。

不过我认为，预习和复习的情况可以因人、因科目而异。每个科目对预习、复习的要求是不一样的，比如语文预习，更多的是提前读读课文，看一看文言文的注释；数学则是理解一下要讲的公式概念，尝试着做一做习题；英语则是读课文和背单词。因人而异，指的是对每个同学而言，越是学得不扎实的科目越要做好每一项工作。就像我的数学，因为反应比较慢，所以上课时常会跟不上老师的节奏，概念理解不好、例题听不懂。为了避免落下重要的知识点，我会及时预习，这样在课上就不会因为跟不上而自卑。同时下课后我也会及时复习，把没听懂的知识点和例题通过问同学或者问老师的方式解决掉，坚决不留知识漏洞。这两项工作对我的帮助实在是很大，让我在“瘸腿”的数学这科上没有落下太远，也让我有迎头赶上的基础。

再次，有侧重地学习。这也是提高时间利用率的制胜法宝。

高三时，为了保证复习质量，老师会发下铺天盖地的题目，文科生还稍微好一些，理科生需要解决的题目尤其多。记得每当遇到两三天的假期时，老师们都会摆出一副圣诞老人的架势，笑眯眯地对我们说：“我给你们带来了小长假的礼物哟，你们要认真对待……”然后，毫不留情地发下铺天盖地的白花花的卷子，让我们“享用”。换句话说，如果想把每个老师出的每一道题都做完做好，几乎是不可能的。因此，为了得到最好的学习效果，又不至于把自己累垮，我开始有选择地完成老师布置的任务。比如，对于我相对较弱的数学，每一次的作业我都要一丝不苟地完成；而对于基础较扎实的英语，我深知学校的练习题并不能给我多大的提升，因此我多是通过看英文原版书籍、外国电影来提升能力。这样一来便可以减少做无用功的时间，好钢都用在了刀刃上，便可以收到事半功倍的好效果。

最后，也是最重要的，是交流，尤其是与老师交流。

平时在课堂上，老师常常以严肃甚至古板的形象出现在我们面前，挨过几次批评之后我们对老师更是会心生畏惧。这在我们学生之间，再正常不过了，毕竟老师这个身份很特殊，怎可能与我们像同学一样亲密无间？但是，其实老师并不可怕。再严厉的老师都有亲切温柔的一面，他们摆出一副威严不可侵犯的样子，通常只是为了让我们听从老师的教导，是为了我们好。我们可以把老师视作朋友，在有不懂的问题时及时提出来向老师请教，在迷茫时也可以找老师谈心，解开心结，重新找到方向。

在学术问题上老师可以给的帮助自然不必说，在生活上，老师也可以帮助我们渡过难关。老师是“阅人无数”的过来人了，正所谓“流水的学生，铁打的老师”，一届又一届学生教过去，与你我相似的人、相似的境遇，他们已经不知道见过了多少。如何才能解决问题并且往更好的方向发展，老师们这些“看破红尘”的旁观者自然最具有发言权。而我也是到高三的后一个阶段才明白这个道理的，在课堂上成了积极提问发言的活跃分子，课间便经常出现在老师身边，更是办公室的常客。

在与老师的交流中，我听到的是高屋建瓴的见解，学到的是屡试不爽的最佳方法，还能在老师的帮助下发现隐藏在错题中的知识漏洞，真的是好处多多。因此，与老师多交流，有事没事拿着本子去办公室转一圈，永远只有好处没有坏处，何乐而不为？

分享了这么多学习方法，不禁懊恼后知后觉的自己到了高三才发现它们的妙处。如果我能早些大彻大悟，把这些“大杀器”收入囊中的话，不知道能在学习上节约出多少吃喝玩乐、享受生活的时间，岂不妙哉？

用一个公式来总结吧：

好的学习方法＝高的学习效率＝短的学习时间＋好成绩＋更多玩乐的时间＝父母的欣喜＋老师的肯定＋同学的羡慕

这样只赚不亏的买卖，谁不乐意做呢？

每个牛人都是“蜗牛”

一切学习方法的基础、根本，就是勤奋，一切的成就，都必须要有相对应的付出才可能获得。

当今社会似乎弥漫着一股“秀”的风潮：美女模特秀身材、情侣夫妻秀恩爱、好学生秀成绩、大款秀财富……不过最热门的，也似乎最有意义的，当属各类成功人士在访谈节目上和各类自传中“秀经验”了。但是如果我们能练就透过“忽悠”看本质的能力，就会发现在花里胡哨的成功经验背后，总离不开两个字——勤奋。

在前面，我介绍了很多能帮我们有效“偷懒”的学习方法，而其实，勤奋就是最好的学习方法。换一句话说，勤奋是一切学习方法有用武之地的基础。

正所谓“巧妇难为无米之炊”，好的学习方法就如同炒菜的技法，这米呢，便是用在学习上的时间。学习就像做乘法一样，时间 × 技巧＝成果，时间为 0，那么技巧分值再高，成果也只能为 0。

严重偏科的我一直把数学当成是我的一块心病，每每自己感觉已经付出了不少努力，却总是在考完试发卷时刻看着少得可怜的分数，备受打击。终于有一次，我按捺不住了，愤愤不平地抱着卷子去找老师，想知道我数学“百学不得其解”的真正原因，是不是我真的没有丝毫数学细胞？

因为平时很少找老师提问题，我费了不少周折找到数学老师办公室，敲门进入，却看到了班上数学成绩数一数二的小胡，正抱着厚如板砖的一本习题集和老师认真讨论着。小胡活泼可爱，平时笑眯眯的，是个人缘很好的小女生，经常也会和大家凑在一起聊明星、侃八卦，看起来一点儿也不像书呆子。但是她的成绩却非常好，尤其是数学，有时能在课堂上解决令老师也十分困惑的难题，赢得满堂彩。成绩平平的我一直觉得她八成是聪颖过人，才能不费吹灰之力就学懂我无论如何也弄不明白的数学吧！怎么，她竟然也有不懂的问题要请教老师？

我恭恭敬敬地站在老师旁边一看，顿时羞愧得无地自容：小胡捧着的习题集，老师并没有要求我们做，但她的书上写得密密麻麻、花里胡哨，页脚都卷得不成样子了，一看就是认真做过好几遍的样子。我忙不甘示弱地试图在脑海中搜索关于我的习题集的记忆，只晓得这本书发下来之后就不知道被我扔到哪里去了，擦去扉页上的姓名和封皮上落的灰尘，还可以在书店里卖个好价钱。

我捧着低分的卷子，一腔愤愤不平烟消云散，感觉不好意思起来。顿时明白，什么叫差距？这就叫差距！原来优秀的小胡并不是如我所想，凭着聪明劲儿轻轻松松地就取得了好成绩，而是这么勤奋用功，她不优秀，谁优秀？再看看我，本来知识学得就不扎实，除了老师布置的硬性作业之外，又懒得再做其他努力，又有什么资格说“我已经很努力了，怎么还学不好”？

那天起，我慢慢发现身边的优等生都和小胡有大致相似的勤奋：艺儿的作文写得行云流水，既引人入胜又内涵丰富，从来不必绞尽脑汁，其实这份娴熟源自她从小广泛深厚的阅读积累，即使学习紧张，她也一定挤出时间来看书；小陈的英语更是好似入了“神仙境界”，从不见他费力背课文、记单词、做一本又一本的习题集，但每次考试都稳坐前几把交椅，其实这份自如与他高一一年为了备战托福夜以继日、废寝忘食地进行高难度的英语练习脱不了干系，据说一个假期过去他连眼镜都加厚了半毫米；乐乐的文综让人望尘莫及，平日和大家嬉笑打闹一副没心没肺的样子，但是要背的内容他能精确到第几行第几个词地复述出来，他总吹牛说自己记忆力好，其实这种熟悉是他考前书不离手、文综不离口的努力换来的……那些我们以为是仅仅凭着天赋便轻轻松松地脱颖而出的人，其实都很勤奋好学，每一分成绩都是汗水浇筑而成的。

是啊，哪有“天上掉馅饼”的好事？每个牛人，其实都是“蜗牛”。聪明人要勤奋，需要通过努力挖掘自己的潜力，实现自身的价值；普通人更要勤奋，需要付出更多辛苦，去争取自己想要的人生。成功了我们要勤奋，因为成果需要通过不断的拼搏去保持，去实现新的超越；失败了更要勤奋，因为眼前的困难需要我们坚持不懈地努力克服、突破。即使一时间没有显著的成就，勤奋的努力也一定不会白费，因为凡事都有一个积累的过程，成功不可能一蹴而就，而每一天的勤奋所带给我们的，不仅仅是知识、能力上的收获，还有意志、品质上的锻炼。这些，都是不能拿“是否已经成功”这个标准去衡量的。

我明白了，偷懒无可厚非，但是如果不给学习以足够的时间和关照，注定得不到自己想要的结果。于是我下决心做一只不怕苦的“蜗牛”。

我开始每天在学校上晚自习，不打折扣地完成作业，再有针对性地做补充练习，之后披星戴月却满心充实地回家。周末和假期，我也一改“一觉睡到自然醒”、一天从中午开始的老习惯，每天挣扎着抵制被窝的诱惑，八点起床到图书馆或是自习室报到，安顿下来一学就是一个上午。简单的午饭后，继续奋斗，直到晚上回家。平时呢，我尽量少上网、少和同学闲扯，而是抓紧本来就不多的时间多看看书、多去老师办公室问问题……这样做收效自然是缓慢，却是显著的，我几科的成绩都慢慢上升了，连数学这个“瘸腿”科目也终于稳定下来。

后来，当有人问起我该怎么学习时，我总能滔滔不绝地长篇大论一番，林林总总列出好多学习的技巧方法，但我也不会忘记，一切学习方法的基础、根本，就是勤奋，一切的成就，都必须要有相对应的付出才可能获得。

轻松领跑人生马拉松

大目标让我们学会忍受，小目标则带给我们享受，因为哪怕是完成小小目标的每一天，都可以让你我在喜悦中一步步地接近想要的成功。

我时常会抱怨，也时常会听到身边的同学抱怨说：“学习好累、好苦、好烦，我要罢课，我要休学……”但是要赖撒泼之后，我们依然会悻悻地爬回到书桌前，咬着牙，继续学习。

这是为什么呢？学习这么累，这么苦，这么烦，为什么我们依然无法毅然决然地舍它而去呢？为什么面对书本，无数人嘴上说着“好累，不会再爱了……”，却依然要硬着头皮学下去呢？

我想，答案就是，因为我们有目标。

对实现长期目标的渴望，让我们对学习这项苦差事甘之如饴；实现短期目标的小成就，让我们保持了“我还不赖哟”的美滋滋的心情，愉快地前进。一句话：目标可以让我们在学习中找到乐趣。

毫无疑问，对于绝大多数人来说，学习的过程是很不招人待见的，尤其是为了考出好成绩而学习自己并不喜欢，也并不擅长的东西。这样的事情，谁也不愿意做。但是，有些对人生有重大意义的目标，我们真的很想实现的目标，只能靠现阶段的学习来达成。

这个目标可以小到想要获得老师和父母的赞扬，具体到想用一个好看的分数来证明我们的能力，也可以大到考上一个理想的中学或是大学，获得更好的深造机会，可以宏伟到把祖国建设得更加富强，甚至是像马克思那样“为人类的幸福而奋斗”。因为有这样的目标在，学习才会有动力。就像长期待在国外的同学会养成自己做饭的习惯，并不是因为他们喜欢炒菜这个麻烦的过程，而是想到即将到口的美味佳肴，做饭的过程竟然也变成了一种享受。

那么，目标有这样神奇的效果，我们该如何设立目标呢？

在我的理解中，目标有两种，分为长期目标和短期目标。长期目标，大概和理想类似，是我们对于未来的预设，可以是一年的，也可以是几年的、几十年的。拥有一个较为长远的目标十分重要，一方面可以使我们在每日的拼搏中充满动力、更加勤奋，另一方面可以防止我们的目光局限于眼前的成败得失，让我们从每一次小成就和小挫折中超脱出来，从而获得更加平稳的心态。

而短期目标呢，则可以细化到每天要完成哪些任务、这一周要弄明白哪些知识点、下一次考试要取得哪些方面的进步等，可以指导我们列出更为具体的时间表和计划表，更具有实践意义。

拿我自己来说，较长期的目标给我带来不少甜头。在升入初中时，我就给自己定下了一个以三年为期限的目标：考入我梦寐以求的一零一中学。之所以认定了这个学校，是因为我喜欢它有山有水的校园，喜欢它有着圆明园这么一个绝无仅有的“后院”。还有一个很重要的原因，便是在学校大门的左手边曾经有一方小小的四合院，那是我和爸爸、妈妈初到北京时住的地方，承载着我三岁到六岁之间，关于生活的全部回忆。小升初时，我的水平不够，没有能够如愿进入一零一中学学习，遗憾极了。好在，我所在的初中上地实验学校，作为一零一中学的分校，每届都有保送一零一的名额。争取这为数不多的保送名额，便成了我从初一开始为之努力的目标。

因为有了这个较长期的目标，知道自己现在所做的努力都是在一步步接近自己的理想、接近自己想要的东西，所以我的勤奋、刻苦，都算得上是发自内心的，也愿意花最多的时间和精力在学习上，愿意把该做好的事情做到极致、不留漏洞，虽然累，却不以为苦。并且，这种发自内心的动力也是自制力的最大源泉，让贪玩的我可以控制好自己的时间，在保证学习质量的前提下放松身心。因为我深知，三年后要实现的那个目标，容不得我放纵自己。

有了长期目标自然好，不过理想啊，追求啊这些听起来终归有些远、有些虚，就像四十几公里的马拉松，自己连完成的信心都难以保持。因此，短期的目标也应随之确立，将长期目标分割至每一个小的阶段，时不时地让小成就感来滋润一下自己，增加一些自信，好踏踏实实地 点点前进。

每日的目标计划无须赘述，而阶段性的目标也十分关键。我在初中时，深入分析了“考入一零一中学”这个大目标：想考入一零一中学，我所在的学校每年有三十个保送名额，因此每个学期的期末考试考进前三十便成为一个较为短期的目标；在实验班我感受到的竞争较为激烈，但是好处便是总可以找到比自己水平略高的同学，作为自己进步的具体目标。那时的好友小瑜便曾是我追赶的对象。和同学的这种良性竞争益处多多，在追赶与超越中不断带给我阶段性成功的小小喜悦与实现最终理想的信心。

目标还可以用来缓解面对打击之时的挫败心情。升入高中，随着学习步伐的加快、高考的迫近，我的心理压力也与日俱增，精神变得更加脆弱敏感，好像刚走出青春期就步入了更年期一般。尤其是到了高三，三天一大考、两天一小考，成绩经常像坐过山车一般大起大落，搞得我的情绪也起起伏伏难以平静，严重地影响了我的学习效率。

然而，不知是谁随口说出的一席话让我茅塞顿开：“我们的目标是最后高考的成功，眼下的这些考试只有一个目的，就是查漏补缺，考砸了才能最大限度地体现它的价值呢。考试的起起伏伏也正是锻炼我们的心理素质，每一次失败其实都是很有积极意义的，所以振作起来吧！”

这样一想，因为有了更加长远的目标，便会看清眼前的挫折对于纠正错误的独特价值，备受打击的心就会慢慢平静下来，我也能够以更快的速度调整心态，冷静分析失误原因，争取下一次的进步。

目标无疑是重要的，而无论是长期目标还是短期目标，其实都是为了同一个目的：让拼搏更有方向性，从而激发我们的内在动力。因此，目标一定要高于现实而又切合实际，要有实现的可能，不能遥不可及，正如星空正是因为恰如其分的距离，才让人们充满向往而非望而生畏。

为自己定下明确适当的目标吧，不要低估了自己坚持下去的勇气，迈出这简单又郑重的第一步吧。大目标让我们学会忍受，小目标则带给我们享受，因为哪怕是完成小小目标的每一天，都可以让你我在喜悦中一步步地接近想要的成功。

做挫折打不倒的“小强”

无论什么样的挫折其实都不可怕，它只是我们成长之路上随处可见的小石子，关键在于我们对待这小石子的态度。

蟑螂这种惹人厌的昆虫被人类赋予了另一个名字——小强，因为它们“打不死、灭不完”的极其顽强的生命力。在漫漫学途中，谁也不可能一帆风顺，无论是一天二十四小时全部精力都放在学习上的“学霸”，还是轻松自如应对学业的“大神”，都不能够保证只进不退、不遇到任何挫折。因此，挫折是我们在学习生活中必须面对、无法逃避的难题。我们要用智慧和勇气应对挫折，放平心态、正确看待，做一只打不倒的“小强”。

在很长的一段时间里我的学习成绩总是非常不稳定，大幅度地进步或者退步都稀松平常，两次考试间有时可以相差一百多个名次。最夸张的一次，我的语文在严重考砸之后又超常发挥了，一下子从三百多名进步到了前几名，同学们在听到我竟然进步了三百多名时都吓坏了，问我："你这次考的是负的名次吧？"就这样，每次考试之前，我都会希望自己能考个值得骄傲的好成绩；而每次考试失利后，对自己期望的落空都令我苦恼不已。

在高三的一次重要模拟考试之中，我栽了个大跟头：五门功课全盘皆输，原本占优势的英语、语文成绩平平，不足以为我提分。不擅长的数学没有什么起色，严重地拖着总分的后腿。文综三科的多处不该有的失误更是给我原本就跌至低谷的成绩来了个"雪上加霜"。出成绩的那一整天，我都像霜打的茄子一般无精打采地耷拉着脑袋，甚至极力躲避着老师、同学们的目光，内心满是沮丧，对自己失望极了。回到家里，饭也没吃便一个人躲到房间里掉眼泪。

这时，善解人意的妈妈没有追问我的成绩，没有劈头盖脸一顿臭骂，也没有用"别哭啦，没什么的"之类空洞的安慰否定我的情绪，而是过来和我聊天。

"考试没考好？"妈妈轻声问。

"嗯。"我回答得有气无力。

"哪门没考好？"

"都没考好……"我有些不耐烦了，很怕她絮絮叨叨地问下去。

“这不就一次考试没考好吗？没什么大不了的，不能说明你学得不好，对吧？”

“这不能说明学得不好能说明什么？现在高考要的就是成绩，学得好但是没有高分数，一样没用！”我有些气急败坏。

“那你觉得，这次没考好，是学得不好，还是考得不好？”妈妈没有和我犟嘴，接着问。

“都有点问题吧，主要是考得不好，学得也有些漏洞。”我若有所思，心情平静了不少。

“那现在要紧的事情就是得提高成绩对不对？那咱要是及时把那些没考好的地方记住，把那些没学好的漏洞补上，成绩是不是就能上去了？”

“是啊……可是，虽然说起来简单，但是真的弄起来很困难啊，乱七八糟的好多问题，不知道该从哪儿开始，想想都头疼……”我依然没有从负面情绪中走出来，一想到一张张惨不忍睹的试卷，真的有些头晕目眩，连拿起来翻翻的勇气都没有了。

“仔细想想，真的有那么复杂吗？现在开始一点儿一点儿做，可以做完吗？”妈妈依然很耐心地劝说着。

“好像也没有那么复杂……可以吧，今天晚上弄一部分，明天整理剩下的，应该可以完成的。”我边想边说，慢慢冷静下来，渐渐努力脱离围困了我一天的失望、难过、慌乱之感，开始动脑子思考解决问题的办法。仔细想想，好像卷子上的问题要是归归类，也就那么有限的几种，落下的知识点总结一下也不是多得骇人，而只要我做好这两项工作，找出这次考试的问题并在下次考试中尽力避免，翻盘应该是不难的！思路慢慢清晰，我不再感到失落、颓唐、无助，而是有一种强烈的开始学习的冲动：我现在就要开始整理、分析这次考试的问题，一秒钟也不想耽误了，相信我下次一定会比这次进步很多！

就这样，我扒拉了几口晚饭，便快速地进入了“一级战斗状态”，掏出卷子，安排好当天要分析的英语卷子、语文卷子和数学卷子的前一半，第二天分析余下的数学卷子和文综三科，然后踏踏实实并且干劲十足地开始了奋斗。那天晚上，我效率极高地奋战到夜阑人静，错题本和难题本上都增加了几页新的内容。完成这天的任务后，我从书本堆里抬起头来，内心感到舒坦，因为对此时的我而言，这场考试失利已经由一次单纯的打击变为一个锻炼我的心理素质、反思上一阶段学习的好机会，我已经将这次挫折化为一笔财富，收入囊中，在下一次考试中便可以为我所用。

有了这次的“战斗”经历，我和挫折博弈的技能越来越高了，往往能通过总结分析从挫折中尽量多地吸取经验、增强能力。学会了如何对待挫折，我的成绩一点点地上升，并且慢慢稳定了下来。

虽然考试失利只是我们学习之中的一些正常现象，但那种一切努力付诸东流的失望感，真的很有一股将我们无情地“拍死在沙滩上”的力量。如果处理不好，很有可能导致我们自暴自弃、颓废、精神萎靡，这不仅非常损耗精气神，也会浪费宝贵的时间，而在紧张的备考阶段，时间是最为宝贵、浪费不起的，真可谓“赔了夫人又折兵”。

那么面对挫折，怎样才能更快地恢复过来，重新开始呢？

我在一篇名为《你的恢复速率是多少？》的英文文章中读到了这样的观点：我们可以任由自己全身心地沉浸其中，充分感受它一分钟，接着下定摆脱它的决心，然后通过做运动、找人倾诉，甚至大哭一场等各种各样的方式，将情绪及时宣泄出来，从而尽量快速地摆脱悲观情绪。读来很是受用。

在分析考试失利的原因时，我常常本着不放过每一道错题、每一个知识点的严谨态度，认真分析自己在哪些该得分的地方因为什么原因而丢了分。接着，我会仔细看自己卷子上的错题分布，总结出每一个科目的“涨分点”，即卷面上的哪些问题是我可以解决的，在下一个阶段的学习中着重练习、各个击破。最后也是最重要的是，胃口要小一点儿，不能一口吃成个胖子。只要相信，每一次考试都会比上次有所进步，一次一小步，积累起来就是惊人的一大步。

不仅仅在学习中会碰到挫折，生活中的挫折也会时不时跳出来扰乱心绪。然而，无论什么样的挫折其实都不可怕，它只是我们成长之路上随处可见的小石子，关键在于我们对待这些小石子的态度：如果将它们视为绊脚石，一味自怨自艾，沉浸在负面情绪中无法自拔，则难免半途而废；如果将它们看作可用的石材，理智面对、充分利用，挫折便可以堆成阶梯，在攀登的路上助我们一臂之力。

爱屋及乌，爱我及书

好书不仅仅是教导我们如何做人、做事的良师，亦是陪伴我们走过孤独岁月的良友，更是一味良药，并不苦口，却用温润如玉的文字，医治受伤的心灵。

有个成语叫“爱屋及乌”，英文中恰好有对应的习语，是“Love me，love my dog”①。而在苏格兰作家、改革者塞缪尔·斯迈尔斯的美文 *Companionship of Books*②中，则提出：“There is more wisdom in this:Love me,love my book.”即“爱我及书显然是更为智慧的”。一个人读过多少书、读的是什么样的书，正体现了他的涵养与学识。

---

① 直译为“爱我就爱我的狗”，意即“爱屋及乌”。
② 中文书名《以书为友》。

“腹有诗书气自华”，读书是一个学习知识、丰富内心的过程。读一本好书，就像和一个高尚的心灵在谈话，因为那是作者脑海中反复雕琢的思维的火花在书页间闪耀，而且在时间的淘洗中会越发震撼人心。我们通过简单的阅读，便可以收获伟大心灵独一无二的思考，洞悉难解之题的完美答案，丰富自己的内心，是多么美妙的一件乐事啊！

不过对我而言，读书其实并不具有“学习”这个鲜明的目的。我读书，是因为它能带给我快乐。

小时候，我最开始读的书其实是漫画，可爱单纯的史努比，肥肥壮壮的加菲猫，机敏善良的米老鼠，拥有“万能口袋”的哆啦A梦……由短篇到长篇，我跟随画中的人物历经磨难、战胜困难，初步体味了读书的乐趣。然后，我开始读小说。从儿童小说读到名著经典，从中国当代文学读到西方古典文学……那时的我总是沉浸在故事情节中不能自拔，抱着一本书一整天都懒得动一下，走着看、坐着看、躺着看，真可谓书不离手、“废寝忘食”。唯一郁闷的是，太过爱书的我因此二年级就戴上了一副小眼镜。

而即使是到了这个信息时代，相比于电影、电视剧，我还是喜欢读书。有过很多次这样的经历：在读一部非常喜欢的小说时，我在心中塑造了近乎完美的主人公形象，反复品味也不觉得乏味。于是当听到这部书翻拍为电影时，我满怀期待地走进电影院，却是失望而归，总觉得男主人公不够帅，女主人公呢，则不够美。这其实是情理之中的，因为没有一个演员可以把我心中的主角演绎到极致，总是会漏下我最欣赏的微妙的特质，破坏脑海里完美的想象。比如《茶花女》中的美人玛格丽特，再比如《暮光之城》中的爱德华。而读书，可以把紧凑的情节按照自己的进度细细品味，将多面的人物按照自己的意愿慢慢塑造，比直接观看将导演的意志呈现在银幕上的影视作品，多了一层属于自己的独特享受。因此我现在依然坚持的是，在看改编电影之前，如果有条件，就一定要先看原著。

除了读中文书，我还很爱读英文原版书。古典名著的语言太过晦涩，于是就从畅销小说读起。我读的第一部便是《暮光之城》（Twilight）。最开始读的时候，我是买了中文翻译本的。但是中文译本与我期待的有差距。在邻居姐姐的怂恿之下，我一狠心，找来一本原版书，尝试着读了起来。本来担心以我高中一年级的英语水平，读起来会有困难，但很快，我便习惯了满篇的英文，沉浸到了内容中，开始了神秘的“吸血鬼世界”之旅。这系列书的第一本读完，我发觉已经爱上了那种感觉，便迫不及待地找来了第二本，接着第三本、第四本……最后一本书，也是最厚的一本，我硬生生地熬到凌晨四点，马不停蹄地一口气将它看完了。那以后，我便时不时地找英文小说来看，享受不同语言表达出的不同文化背景下的激动人心的故事。

虽然我看书并不带有功利的心情，但是在读书的过程中，收获却是潜移默化的。比如我的语文，因为基础很好，一直是强势科目，一向不需要费太多心思去补习、提升，令很多同学头疼的作文，对我而言不仅不是“拦路虎”，而且还是帮我提高总分的一员“猛将”。这都要得益于我从小读了大量的书。而我的英文呢，通过读原版书，阅读能力突飞猛进，不仅速度加快了，准确度也提高了，因为早已习惯西方的思维模式，可以很好地进入文章营造的情景中。

这就像是一个良性循环：因为读了很多的书，我在学习上可以花较少的时间得到较满意的成绩，因而就有更多的时间去读书，就能获得更好的成绩……即使到了高三，当其他同学将时间砸在做枯燥的英语阅读练习题时，我却抱着一本本课外书读得津津有味，最后还能够考出更好的成绩。瞧，学习娱乐兼顾之法，非读书莫属！

看过一句话：养成读书的习惯，就是为自己营造了暂时躲避生命中磨难的避风港。我再同意不过。每当悲伤失落、徘徊怅惘时，读读书中振奋人心的语句，可以重新拾起勇气；读读书中人物坚强的性格，可以反省自身；读读书中悲惨的故事，可以更加知足，更懂得珍惜，找回生命中的美好。

在我心中，好书不仅仅是教导我们如何做人、做事的良师，亦是陪伴我们走过孤独岁月的良友，更是一味良药，并不苦口，却用温润如玉的文字，医治受伤的心灵。

因此我要说，爱读书的人，是幸福的。养成读书的习惯，捧起一本好书，品一杯香茗，在氤氲的书香中开始心灵的旅途，在这个只属于你的世界里，找寻令人颤抖的共鸣吧。只有这样，才能拓展心灵的广度，才能像三毛所说的那样——“在有限的时空里，过无限广大的日子！”

文理分科
——没有更好，只有更适合

选择文理科，最重要的不是看哪个有普遍认为的更好的就业前景、更广的选择范围，而是应该看重你的爱好是什么，你的热情在哪里。

高一升高二之时，我面临着一个决定我未来人生走向的重大选择：文科，还是理科？和很多处在这个阶段的同学一样，我经历了内心的纠结与矛盾，才终于做出了正确的选择。

其实在分科时，我的理科学得也并不差，内心对理、化、生这三门课程并不是很抵触。但是可以确定的是，文综三科在我身上已经显现出优势，尤其是地理和历史，我学起来轻松而且有乐趣，还能取得很好的成绩。如果让我自己决断，内心的天平怕是要倾向文科的，但是爸爸和我很敬重的一个老师，却极力推荐我学理科。由此，矛盾就开始了：到底是承受适当的压力，考虑专业选择的广度而选择理科呢，还是尊重自己的爱好，选择相对轻松的文科呢？

面临这个选择之时，我所做的便是去了解选择理科、文科各有什么利弊。

一般谈到文理分科，大部分人会理所当然地认为理科好，就像当初我身边的很多老师、同学以及叔叔阿姨所想的那样。

不可否认的是，理科有它不可替代的优势。首先，相对于文科的史、地、政，理、化、生三科学习起来思维力度更大，可以更好地锻炼头脑，使我们拥有更灵活的逻辑思维能力，对于日后的工作与生活都大有裨益。其次，选择理科，意味着在将来高考报志愿时有更大的选择专业的范围，可以更好地根据自己的喜好做出决定。而相较而言，文科的学生可以选择的专业就明显要少得多。最后，即使是现在比较热门而且文理兼收的专业，比如经济金融，似乎从常理上来讲也是要求更多的理性思维以及更好的数学功底，对于文科生来说是非常不利的。出于类似这样的考虑，有很多学生在认真审视自己的能力与志向的基础上，踌躇满志地选择了理科；但有些同学，却是稀里糊涂地在家长、老师的极力劝说下，选择了理科。

而我认为，理科并不是绝对的好，选择文科还是理科，应该根据每个同学自身的状况来做决定。文科并不是一无是处的，它也有很多独特的好处。比如，学习文科可以使人积累相当深厚的人文素养，简单一点儿讲，就是可以使人变得更加“渊博”。读文科的同学没有那么多的题目要算，因此可以更为灵活地安排自己的时间，就有了更多的时间读书，丰富自己的内心世界，从而由内而外散发出一种气质，一种文人的儒雅。再有呢，学习文科相对容易些。虽然文科并不是简单地背书就可以学好的，但是的确相较理科而言，没有那么多艰涩的公式定理，那么令人苦恼的计算，对于一些同学来说绝对是一种“减负”，生活甚至会因此而变得更加轻松有趣。

说到这里不得不提一下文理两科的学习特点，这也是我们在选择时非常重要的一个方面：文科，最核心的就是一个“背”字，历史事件要背、地理特征要背、哲理条例要背，你是否能够接受？理科呢，则要演算、要推理，你是否愿意面对？

在了解了文科、理科之后，我发现，我真正的爱好还是文科——在浩瀚的文字海洋里、在悠久的历史积淀中、在广袤的宇宙大地间、在复杂的社会与政治事件里。而理科，如果选择了，将为自己增加太多的压力和痛苦，却未必对我以后的发展有利，因为我的志向并不是成为一个科学家抑或经济学泰斗。所以，我毅然决然地选择了文科。

事实证明，我当初的选择是明智的。高一未分科时，我的排名一直徘徊在年级二百名左右，因为物理、化学在后面拖着，实在是难以让我冲到前面去。而分科之后，我在分班考试中顺利地考入了文科实验班，那以后我的名次便一跃进入了年级前三十，并且在高三不断进步，从二十多名到十多名，再到前十，到最后高考的年级第五名，如愿考上了北京大学。这一切进步，不得不说是当初文理分科的正确选择奠定的基础。

为什么分科后成绩会突飞猛进呢？其实是因为我找到了适合自己的领域。在文科世界里，我感到自由、轻松、自信，甩掉了理、化、生沉重的大包袱，不用每日埋头苦算复杂的计算题，不用冥思苦想不懂的解题思路，我好像一只被束缚了太久的鸟，终于可以展开羽翼飞翔了！

说到这里，我并不是在为文科做广告。我认为选择文理科，最重要的不是看哪个有普遍认为的更好的就业前景、更广的选择范围，而是应该看重你的爱好是什么，你的热情在哪里。如果理科不是你擅长的，那么再多的可选专业对你来说也毫无意义，就像我身边一些理科生最终却选择了语言类或者历史类专业一般；同样，如果你爱的是理科，那么即使文科有再大的好处，也不应该是你的选择。选择文理科，就是为自己的未来在找方向，虽然不是一锤定音决定走向，但是，既然知道你适合的，又何必听旁人的劝阻而在宝贵的高中两年绕一个大弯呢？

倾听你内心的声音吧，这是属于你的选择。选你所爱，而不要委曲求全。在这个十字路口，没有对每个人都适用的“最好”，只有对你而言，是否“最适合”。

自主招生，是舍还是得

对自主招生，一定要理智看待，如果没有考虑好，盲目地随大溜挖空心思去准备，很容易顾此失彼、得不偿失。

高三第一学期接近期末的时候，随着中学阶段最后一个寒假的临近，各大高校自主招生的“战歌”便唱响了。报名、笔试、面试……一轮轮的层层选拔后，学校会筛选出认为值得给予优惠加分的学生，然后这些同学得意地带着 5—60 分的“先天优势”走进高考考场。

额外加分，这无疑是个巨大的诱惑，因此每年都有很多考生通过参加“自主招生笔试、面试培训”等方式，削尖了脑袋想挤进加分的名额中。我争取高校自主招生加分的过程不敢说有什么成功经验，但教训真的是很多。

高三第一学期，正是进入高三总复习、学习开始紧张的重要过渡期和提分期，本应一门心思扑在眼下的学习上的我，心思被自主招生搅乱了。第一波轰炸来自报名阶段：首先是学校的推荐名额会按照年级排名分派下去，得到学校推荐的同学可以免去相应学校的投递资料以及审核环节，直接进入笔试；没有得到推荐名额的同学可以根据自己的兴趣选择几所大学报名、投递资料，自荐成功后可以参加笔试。我呢，两种推荐方式都经历了，通过学校推荐得到了中国人民大学（以下简称人大）的笔试资格，通过自主推荐得到了北京大学的笔试资格。这里，真的要感谢爸爸妈妈所做的工作，尤其是在自荐中，我除了写自我介绍的稿子外几乎没有耗费什么精力，是他们悉心地帮我选择学校、查报名流程、整理报名资料，最后帮助我顺利取得北大的笔试资格。和那些需要自己动手收集资料、报名的同学相比，我得以更加心无旁骛地学习课程内容，专心备战高考。

我的经验有两条，第一，要争取学校推荐名额，在争取不到的情况下也不要放弃往心仪的学校投递尽可能完善、优质的报名资料，突出自己的优势、风格、特色，或许就会得到审批人员的青睐，自荐成功获得笔试资格；第二，不要让乱哄哄的报名事项扰乱了学习节奏，繁杂的事务可以尽量交给父母处理，因为暂且不谈是不是能拿到加分，即使拿到了加分，最后拼的依然是高考成绩。

得到了人大和北大两所我都比较心仪的大学的笔试资格，是时候思考眼前这个寒假该如何度过了：是花大把力气在准备自主招生笔试上，还是依然主要准备高考、不分太多时间给自主招生？我选择了后者，因为我认为自己并不是自主招生所选拔的那种具有某种特殊才能的学生，而是勤勤恳恳、平均发展、没什么一技之长的普通学生，如果这个假期把过多的精力花在自主招生上也不太可能得到加分，而到那时候我再想追回那些浪费掉的时间怕是不可能了。于是，我就把自主招生这档子事看得可有可无，寒假没做什么准备，只是多看了些爸爸给整理的时事评论、热点报道，准备一切顺其自然。

或许是因为心态放得平，没有什么压力，我走入“北约”[①]和“华约”[②]的考场，面对那些有些奇怪的题目，坐在一个个看起来很强大、很胸有成竹的同学们中间，内心也没有什么波澜，很淡定地做完我能做的题，便走出了考场。爸爸妈妈问我考得如何时，我只是轻描淡写地说了句：“还行吧，没什么感觉。”

我是真的没什么感觉，没抱什么期望，显得好像很不在意、很从容。但或许，我内心还是很希望自己能够得到面试资格，甚至争取到一些加分的，不然在出成绩后我也不至于那么难过——人大和北大的考试我都以 2 分之差与面试资格失之交臂。

为什么只有 2 分？若是 20 分、200 分，我也没有遗憾了，但

① 指北京大学。
② 指中国人民大学。

这仅仅2分所给我带来的损失却令我久久不能释怀，因为这样的差距其实是只要稍稍多一些努力，就可以弥补上的。出成绩的第二天，班里热闹非凡，大部分同学都得到了面试资格，有的甚至可以参加两三个学校的面试，大家在热火朝天地讨论、祝贺。而我呢，只能默默地坐在座位上，羡慕地看着意气风发、满面春光的他们，唉声叹气于自己的失败。可是我知道，这一切都是我自找的，“尽量少在自主招生这件事上花功夫”是我做的选择，现在这样的结果只能也只应由我一个人承担。

自主招生失利给我带来的打击不小，几天都是闷闷不乐，怅然若失，懊悔、不满、愤懑的情绪时不时涌上心头，让我很难平心静气地投入学习中。但是，消沉了几天后，我忽然惊醒了，回头看看自己竟然在这样紧张的时候毫无意义地消磨掉了这么多黄金时光。于是，我在自责中，下定决心要调整好心态，走出这场失利的阴影。

首先，我告诉自己要接受这个已经无法改变的现实，并且认识到这个结果是我自己一手造成的，是我自己之前的选择，没有什么可以怨天尤人的，也不必懊恼，因为这个结果谁也不可能预料到。其次，我得想明白现在该做什么，是颓废感伤、虚度光阴，惋惜于已经失去的，还是重整旗鼓、再接再厉，把握眼前当下的？答案毫无疑问是后者！正所谓“悟已往之不谏，知来者之可追”，世上没有卖后悔药的，抓紧时间好好学习，天天向上，通过在准备高考中的加倍努力来弥补自主招生中损失的分数，不至于处在太劣势的地位，这才是真理！那些拿到了加分的同学也未必就会比我强吧，你们靠着加分进好大学，就凭裸分，我也能进！

想明白了这些，我感觉自己干劲十足，整个人状态都焕然一新，更加勤奋了，因为有了压力和动力，精力更加集中，学习的效率也高起来。高三的第二学期，我的成绩慢慢稳定在班级的第一梯队，想必和这一个重大挫折后的奋力拼搏有很大的关系。有时候我甚至会想，如果那时我侥幸得到了 5 分或 10 分的加分，我是不是就会以为自己得了北大、人大的入场券，会骄傲自大、有所懈怠，最后反而带着加分与它们失之交臂呢？以我对自己的了解，还真的有可能。

对于自主招生每个人看法不一，对待的方式也因人而异。我只能根据自己的经历说，对自主招生，一定要理智看待，毕竟在高三的最后阶段，每个人的精力都非常有限，如果没有考虑好，盲目地随大溜挖空心思去准备，很容易顾此失彼、得不偿失。

首先，要想明白自己有多大的可能性拿到加分，是不是一定要拿到加分，为了那些加分值得付出多大的努力。如果胜券在握或者精力充沛，那么不妨多费些心思争取一把；而如果觉得自己能力完全不够，肯定没戏，那么放弃也罢，不必遗憾；如果像我这样处于中间徘徊的位置，觉得“食之无味，弃之可惜”，那么可以在尽量不影响准备高考的前提下，适当准备，但不必看得过重，“得之我幸，失之我命”。

最后，无论处在哪个层次，即使是对自己最有把握的同学，也有可能在这场非常规的选拔中败下阵来，这时候调整心态就非常重要。自主招生的失利不能证明我们学得不好，更不能证明我们在未来的高考中不能考出理想成绩。没有拿到加分也没什么，咱要是拼命努把力，也可以像我一样，知耻而后勇，最后骄傲地裸分上榜！

上北大、港大，还是出国

没有一条路是绝对好或绝对不好的，但每个人都有机会选择最适合自己的发展方向。唯其如此，才能收获最多的学识与成长。

近年来，高考生对大学的选择也日益多元化。我国的香港大学、香港科技大学等，与美国的各所大学也成为很多考生心目中的理想去处。面临如此多的选择，我们该如何考虑，何去何从？

首先，是否要出国读大学？这一点要尽早考虑、尽早决定。高一时，我曾有过出国读书的念头，于是整整一个暑假完全沉浸在托福训练中，学校的英语作业全部被我搁在了一边，因为我认为托福的难度超过并涵盖了课内英语学习。开学交作业时，我向英语老师，也是我的班主任解释了我这个假期的托福学习情况，说明我没有写作业的原因。

老师点点头以示理解，然后问我："已经决定好要出国了吗？"

"啊，这个……也没有完全决定好，只是觉得那条路可以走走看，也有可能不出国。"我有些含糊了。

"嗯，我的建议是，是出国还是在国内读大学，这个要尽早决定好。因为准备出国势必要在托福、SAT 这类考试上花费大把的时间，而这些除了提高英语水平，对准备高考几乎是没有益处的。而像你现在这样犹豫不决，一会儿想出国一会儿又想高考，很可能顾此失彼，最后两边都走不好。"老师语重心长地告诉我。

班主任的这番话点醒了我，于是我开始慎重地考虑是否出国的问题。第一点，出国读书的学费高昂，如果家庭不富裕，会给父母带来巨大的经济压力，因此在考虑是否出国时经济条件是否允许是非常重要的一点。当然如果成绩优异，有申请到奖学金的信心和决心，分担父母的经济压力，那么就可以另当别论。第二点，独自在国外求学要面临很多问题，首要问题是语言关。英语毕竟不是我们的母语，要在全英文的授课环境中跟上大学的节奏，需要很强的英语功底，而这就需要我们付出很多的努力。这，你能否接受，是否认为值得？第三点，留学异国还要解决很多生活上的困难：东西文化差异带来的人与人之间理解上的偏差，即所谓的"文化冲击"；欧美发达国家的白人对黄皮肤的我们的不了解与可能发生的歧视；远离家乡、亲人、朋友，需要自己解决所有衣食住行的问题；在美国这样枪支买卖合法化的国家留学所带来的安全问题……这些都是决定是否出国，需要仔细斟酌的问题。然而，我自己的思考未必全面，我们还可以通过询问老师、父母、有留学经历的学长、学姐等，尽量多地了解留学的利与弊，权衡过后再做决定。

在充分比较出国的优势和劣势之后，恋家、喜欢安稳的我放弃了出国，选择安安心心准备高考。

高考前后，是否要报考香港地区的高校又成为需要思考的问题。在报名时倒无须多虑，尽量报上你喜欢的便是，因为最后是否能录取还是未知，但多一条路总没有坏处。最迷茫、纠结的时刻来自高考出成绩之后，香港高校已经通知可以录取，但心仪的北京大学尚未公布分数线。那时的我就面临这样两难的局面。

我报考的香港大学在出高考分数之后几天就告知我，我已经被录取，必须在两天之内决定是否接受录取。而与此同时，北大的分数线尚未公布，最为恼人的是我的高考分数处在预测的分数线边缘，存在很大的落榜风险。这样一来，我不知如何是好：如果选择香港大学，那么我的档案将被提走，即使我的分数超过北大的分数线也无法被北大录取；如果放弃香港大学，那么我的资料将被删除，即使我没能考入北大，也再也没有了进入港大的机会，只能抱憾去第二志愿的大学读书。

那两天真是一种煎熬，翻来覆去地考虑的全是这件事。为了更多地了解香港大学，我几次拜访在香港科技大学读了一年书的邻居姐姐，一聊就是好几个小时，听她给我介绍香港地区高校的学习、生活。我了解到，在香港地区读书首先依然是花销较内地学校大很多，不仅仅学费接近美国大学，而且衣食住行消费都比较高，娱乐、休闲、社交活动又会带来大笔开销，像我这样没有得到奖学金的人如果家里条件一般，需要慎重选择；香港地区的所有高校都是全英文授课，本地人讲的又都是粤语，因此如果想在香港过得自如，就得额外掌握英语和粤语，否则学习、生活都难以适应。

除此之外，选择香港地区的高校会遇到同选择美国大学一样的挑战。香港地区高校的教学方式更为自主，这一方面能极大地锻炼学生自主学习、展示研究成果、与人交往的能力，另一方面对较为传统保守、内敛羞涩、不善言辞的同学又是一重考验。还有，有没有信心离家独自在陌生的地方照顾好自己生活的方方面面，这同样是需要考虑的问题。正因为这些相似之处，对很多研究生想出国，甚至以后想长期居住于国外的同学来说，香港高校不失为一个不错的跳板，可以帮助我们更早、更快地适应西方式的教学方式与独立的生活。

最后也是非常重要的是，看你想要学的是什么科目。香港这个城市有其活跃、精明、现代、国际化的氛围，是否符合你想学习的专业气质？香港的不同高校有不同的教学特色、学科优势与弱势，录取你的大学与专业，是否研究成果卓著、教学水平够高？

综合考虑了这些因素，我认为我想学的北京大学中文系强于香港大学中文系，我的个性未必适合在香港谋发展，以后我也没有出国生活的打算，加上我从小到大对北京大学的憧憬与向往，并且几次分析后我认为我被北大录取的可能性非常之大，再三权衡后，我放弃了香港大学，选择等待北大的录取分数线。

当北京大学的录取通知书翩然而至，我大大地松了一口气，欣喜于这个我最想要的结局。我很庆幸自己当时仔细慎重地考虑后，做出了这个最适合自己的决定。虽然即使到了现在，在听说我被香港大学录取又自动放弃后，仍然有人会摇着头发出“香港大学多好啊！你怎么不去那儿读书啊？”的感叹，我的心中也会漾起丝丝惋惜的涟漪，但是我知道“鱼与熊掌不可兼得”，从我的角度来讲，我选择了我爱的熊掌，有舍有得，实在没有什么遗憾。

在内地的大学、香港的大学，还是国外的大学的选择上，仔细思虑、反复权衡、谨慎决定。没有一条路是绝对好或绝对不好的，但每个人都有机会选择最适合自己的发展方向。唯其如此，才能收获最多的学识与成长。

高考新政策，如何选科报志愿、做好生涯规划？

在高考的每一个环节中，我们都要慎之又慎，坚决不能随波逐流、草率决定，希望这篇文章中的案例和工具能给你一些新的思路。相信在仔细考虑了多重因素之后，你一定可以做出最适合自己的正确选择。

高考这么一改，对我们每一位同学的影响可大了！

不再分文理科之后，大学也就不再按照文理大排名招生和划定分数线，而是每个专业设置自己的学科要求，再在报考的学生中择优录取。打个比方，理科和工科类的专业基本都会要求你参加物理高考，而经济学、法学、传播学这样的社会科学类专业大部分可以在物理和历史中二选一，而历史学科呢，则大部分要求你参加历史高考。

这就意味着，以后咱们可不能等到高三再思考关于报志愿、选专业的事情啦。如果没有尽早地思考清楚，可能在选科和未来报考时面临比较大的困难。如果临到高考时发现想报考的专业要求了自己不擅长的学科，或者选错了学科组合没有发挥自己最大优势，就会陷入非常被动的局面。

怎么破这个局呢？我们需要最晚在高一就开始想，高二基本上想明白——基于报志愿的专业选择，反推回来选学自己要报考的科目，并从高二开始进入这些科目的课程学习，为高考做准备。

要做好这一系列分析，我们可以做的就是结合自己对于未来人生发展方向的规划深入思考、谨慎选择。

这也是为什么在我所任教的中学，我们会在初三开始就带着学生进行人生规划的探索，帮助每一位同学更早地对自己的未来有把握、有目标，在“高考升学”的这个节骨眼儿上少走弯路。

那么现在，我们也详细地来聊一聊在高考报志愿、选专业这件事情上，应该如何去思考、分析。

首先，到底是先决定专业再选择学校，还是先定好学校再考虑专业？这是个难题，但是因为每个人对自己未来的设想不同，我也无法给出一个适合的答案。但是就我自己而言，我认为结合自己对人生未来的设想，先选择自己喜欢的专业比较靠谱。

记得高中学习最紧张的时候，烦躁之余几个同学凑在一起常常喜欢憧憬以后的大学生活：宽敞美丽的校园，和蔼可亲、学识渊博又有大师风范的老师，如云的帅哥和美女……

但是，最最重要、最最令人向往的，却不是这些，而是我们终于可以抛开中学必须要学而自己一点儿也不感兴趣的科目，专心地攻读自己喜欢的专业，可以一心沉浸在自己热爱的领域里，自由翱翔了。而要想在大学四年学习的是自己喜欢的东西，首先便得在报志愿时，填上自己心仪的专业。

诚然，我们生活在一个真实的社会中，不可能脱离物质条件空谈理想，所以在选择专业时需要考虑很多现实因素：这个专业是不是太过抢手、升学名额是否很紧张？专业就业前景如何，能否给我们带来体面的工作？

工作之后，有了生活上的经济压力，我越发懂得了思考现实问题的重要性。但是，设想一下，如果因为考虑就业等因素而进入了自己完全不感兴趣，甚至讨厌的专业，大学四年天天要面对它，该是怎样的一种煎熬？即使我们勉强忍耐，这种带着厌烦心理的学习，又能给我们宝贵的大学四年带来多少实质性的收获呢？与此同时，毕业工作几年后我也逐渐发现，身边那些选择了自己所热爱的行业和事业的朋友，在工作中好像总是比别人多了些激情、多了份动力，也多了很多幸福感。

所以现在的我，依然劝你选择一个你喜欢的、感兴趣的专业；如果没有特别喜欢的，就选一个不讨厌的——而千万不要为了所谓的“工作前景”去硬着头皮选择自己完全“不感冒”的专业，去浪费自己大学的宝贵时间，更消耗自己珍贵的生命力。

正如在我们北大中文系，就有不少从生命科学学院、外语学院，甚至光华管理学院转院过来的学长、学姐。他们多是因为报志愿时过多考虑了现实因素而选择了这些院系，最后又发现自己的兴趣根本不在这些领域，于是又下定决心来中文系追求自己热爱的理想。

每每看到他们，我都不禁会想，如果当时便根据自己的爱好做出选择，这些学长、学姐可以少走多少弯路呢！

还有一个例子来自我的一位高中同学，她在最初报志愿时心仪的是南京大学的法学或者哲学专业，但是在家长、老师的“现实主义”劝说下，犹豫再三后选择了学经济。本科四年中，她不知道多少次向我大吐苦水，倾诉学经济的枯燥和辛苦，一脸疲惫的样子。我一边心疼地安慰她，一边庆幸于自己当初按照自己的兴趣选择了中文系，现在学习虽然不轻松，但是内心充实而愉快。

而四年后，这位同学已经坚持完成了南京大学的学业，终于在申请研究生的时候脱离苦海，选择了更喜欢的公共政策专业，后来回国进入国企工作，现在安稳而满足。

瞧，有时候我们以为是充分考虑现实而做出的决定，实际可能是一种随波逐流的懒惰，最后未必能带我们去到想去的地方；反而是一些坚持和坚持之中的努力，让我们可以本着对自己负责的态度，走得更好、更远。

因此，我的建议是，选择专业要听从自己的心，听听未来我们想要的生活是什么样的，怎样才能到达那个地方，结合现实因素和自己的兴趣来全面考虑，做出一个不后悔的选择。

这里，教给你一个厘清思路的工具，帮助你更好地思考未来方向和自己的职业规划，就是下面这三个问题：

第一个，我热爱的是什么？

第二个，我擅长做的是什么？

第三个，社会和市场需要什么样的人才？

如果手头有笔的话，你可以试着和我一起画三个相互交叠的圆圈，它们有两两相交的部分，也有三个圆叠在一起的部分。这三个圆，就是我们刚才说的"热爱""擅长"和"社会和市场需要"。

我们可以来想象一下，如果一件事情是我们热爱的，也是我们擅长的，但市场的需求不大，社会上这种工作岗位很少，给的报酬也不多，我们如果选择这件事作为职业，可能会出现什么情况呢？对于天赋型选手来说，是有可能成为佼佼者、出人头地的；那对于大部分人来说，我们的资质平常，所以想要做好这件事情就会困难重重，需要付出非常多的心血，也需要很强的决心和意志力去坚持。在这种情况下，大家就需要谨慎思考是否要将它作为我们的职业目标，还是说把它作为兴趣爱好。那如果说我们确实特别喜欢、就是想去做，那么就要做好为之付出努力的准备，在搞好自己专业能力的同时，还得不断思考怎么把这项工作和社会的需要接轨，最终实现我们的理想。

比如我的一个学生很喜欢打篮球，他的实力也还不错，是班里的篮球主力，就想把篮球作为自己的职业来发展；但是篮球老师却说他的身体素质做专业运动员还是有点勉强。他郁闷了一阵子，后来调整了目标，决定走体育特长生的道路，考体育大学的体育教育或者其他相关的专业。

这就很有意思，虽然说做篮球运动员对天分的要求高于常人，但是如果我们能用一个比较务实的态度，找到一个这份热爱的事情和实际情况的结合点，就可能把它变成真正有价值的事业。现在这个男孩子每周会有好几个晚上去训练，周末也经常不能休息，但是他看起来很快乐，我也很为他感到开心。

第二种情况，就是这件事情我们很喜欢，也有很大的市场需要，但是我不擅长……这就有点尴尬了，我们可以想象一下，一个数理逻辑非常差，但是喜欢电脑的同学试图成为一个程序员，或者一个喜欢看书但是文笔实在不行的人想要成为一名作家，是不太切合实际的一件事情。如果说不行还要硬上，就可能会搞得自己非常难受，不仅要承受巨大的压力，最后还不一定能实现理想。在这种情况下，我们通常把这件事情作为我们的梦想，当作业余爱好继续探索比较合适，非要作为职业选择则可能比较困难。

第三种情况，就是这件事情我们擅长，而且也是市场需要的，但是我们不喜欢。其实很多人最后都做了没有遵从内心的选择，因为能找到工作、有钱赚、可以支撑生活，已经是一个不错的方案。可是如果我们不热爱这个工作，那难免会少一些激情，所以这还不是最佳的方案。

那最好的情况是什么呢？就是我们要说的第四种情况：这件事情，我既喜欢、也擅长，恰好也是社会和市场需求的，是三个圆交叠的那个部分。找到了这个完美方案，也就是找到了我们最合适的职业理想。

举个例子，对于我来说，我现在是在教育行业工作，这就可以说是我的热爱、优势和现在的市场需要完美结合的点。正因如此，工作对我来说不是负担，而是乐趣。我每天在学校和学生在一起的时候、自己设计课程的时候心情都很愉悦，很享受这个过程，而且这份工作还能养活自己，总的来说是比较满足的生活状态。

那现在的你呢，虽然工作听起来可能还挺遥远，但是当下每一天的每一个选择，都会对你的未来产生影响。

所以，不妨从今天开始，梳理一下自己热爱的是什么、自己擅长的是什么，优势在哪里，找一找自己真正想做的事情；同时呢，也需要关注时事新闻，去了解这个社会的热点、各个行业的发展趋势，这样才可以更好地找到对自己来说真正适合的职业，找到值得我们为之奋斗的职业理想。

选好了自己喜欢的专业，选择适合自己的学校也非常关键。

注意，这个“适合”并不等同于总排名靠前、录取分数线高等大众意义上的“好”，而是对我们每个个体而言，这个地方是不是能给我们最愉悦的心情、最丰富有益的知识、最好的收获与发展。

首先，排名靠前的重点大学无疑有它们不可替代的优势。好的学校通常整体学术氛围好、同学圈子水平高，也会有更优质的图书馆、实验室等设施，所带来的平台、视野也更大，“名校光环”在日后的发展中也会加分。与此同时，有的学校有较好的转系转院以及辅修和双学位制度，可以二次选择自己喜欢的专业。在北大，便有不少同学在高考时为了迈进校门而选择了听从调剂，进入冷门专业学习，再通过转院或者修双学位的方式攻读自己喜欢的专业。

所以如果有条件，在能力范围内尽量考入更好一层级的大学是比较明智的选择。

但是，如果你要选择的几所学校处在同一个级别层次中，为了进入略好一些的那所需要牺牲选择专业的权利，那么就要三思这个牺牲是否值得，因为同一级别的学校通常在学习氛围和平台上并没有太大差异，反而是在某个学校的优势领域学习会给我们带来更大的收获。

在这种情况下，可以考虑报考总排名未必最好，但是自己喜欢的专业排名靠前，又比较有把握能够考上的学校。这样一来，就能够在自己热爱的领域深造，并且获得质量较高的专业指导，学习起来应该也会比较如鱼得水。

正像和我同住一个单元楼、比我低一届的学妹，虽然她的学习成绩很好，具备冲刺北大、人大的能力，但是她在报志愿时选择了中国传媒大学的影视编导专业，因为她热爱这个专业，希望以后能在这个领域有所发展。最终，她在 2012 年的高考中以超过北大分数线的成绩如愿考入传媒大学，进入了全国最好的影视编导专业，对她而言这便是最好的归宿。

在高考报志愿中，是重学校排名还是重专业，是考虑现实还是追随理想，这每一种选择都有得有失，并没有优劣之分，主要看我们更看重哪一些因素。在高考的每一个环节中，我们都要慎之又慎，坚决不能随波逐流、草率决定，希望这节的案例和工具能给你一些新的思路。相信在仔细考虑了多重因素之后，你一定可以做出最适合自己的正确选择。

02

TONGWANG LUOMA DE LU
QIAN WAN TIAO

人际

用心编织一张爱的网

害怕不被同学认可、被孤立，怎么办？

顶住同伴压力、做出正确的选择，有时候真的挺难的，但是如果我们足够强大就能做到，生活也一定会给我们一个特别值得的回报。

在你的生活中，是不是曾经有过这种担忧：如果我的朋友们不喜欢我，怎么办？如果我的朋友们都在做一件事情，而我不想做，他们会不会觉得我不合群然后孤立我？我是该做我自己呢，还是改变自己、适应他们呢？

我在微博上就曾经收到过很多这样的问题。

如果你有这样的困惑，那完全不用担心，因为你身边的同学、朋友们，都和你有着一样的担忧。我在上学的时候，也曾经几次因为和小姐妹们玩不到一起，被排挤而哭着回家，遇到这样的事情自己心里也会特别难过无助。

那么我们为什么会有这样的感觉呢？其实我们每个人一生中都需要归属感，不过在青春期的时候，这种需求会特别强烈，这是因为我们这个年龄段正是一点点离开家庭、学习适应社会、学习与人相处的关键时期。而与此同时，我们的大脑也处在发育的关键阶段，就像美国心理学家劳伦斯·斯坦伯格在《青春期大脑决定孩子的一生》（*Age of Opportunity*）这本书中提到的，青春期的时候人的大脑感官神经快速发展，而理性的行为和情绪控制机能尚未发育健全，因此对外界的刺激会更加敏感，也更容易受到情绪影响。

在这个时候，我们会特别需要来自同龄人的认可和接纳，特别需要朋友们，所以会格外在意自己是不是合群、在意身边的同学对自己的看法。这种渴望会促使我们适当改变自己、有更好的社交能力，这是特别好的，也是对我们特别重要的能力，但是很多时候它也会给我们带来很大的社交压力，让我们觉得很紧张，有时候不知道该怎么做才好。

其实这种来自同龄人的社交压力通常被称作“同伴压力”（peer pressure）。在这种压力的驱使下，我们因为渴望被同伴接纳、认可和肯定，为了避免被朋友排挤，可能会选择违背自己的意愿做事情。

举一个例子来说，不知道你们有没有体验过被一帮朋友怂恿着做一些危险或者是不合适的事情的经历？比如你的朋友特别喜欢打游戏，他就总叫你和他一起玩。如果说你今天的作业还没写完，他又来找你玩游戏了，这个时候我们就会有心理斗争：如果玩的话，作业可能写不完了；如果不玩，拒绝他的话，对方会不会不高兴？会不会觉得我不是个好朋友？以后他还愿不愿意和我一块儿玩耍？

有时候，朋友怂恿我们做的可能是比玩游戏更糟糕的事情，比如抽烟、喝酒、打架、逃学等，如果我们顺从了，就可能带来非常严重的后果，比如养成烟瘾、被学校处分等等。

那么，当朋友向我们发出各种邀请的时候，我们到底该怎么办呢？是坚持自己的判断，还是跟着他们一起干，来获得他们的接纳和认可呢？

其实，在遇到这种情况时，我们要做的是客观地分析一下，朋友邀请我们做的到底是一件什么事情？这件事情对于我来说，是错误的、正确的，还是无所谓的？

第一种情况，如果朋友邀请你做的事情是有益身心的，那么我们去尝试一下，说不定可以给自己增加几个新的技能，同时还能更好地融入群体，变得更受欢迎。

比如说我在上中学的时候，就曾经有一些朋友特别喜欢打篮球。我本身对这件事是不感兴趣的，也不会打篮球，但是我也会抽时间和朋友们一起打球，甚至还曾经拽着我老爸在家门口的篮球场苦练投篮。有意思的是，我的“篮球外交”特别好用，在那个时候我结识了很多不同班级、不同年级的好朋友。现在呢，我也经常和我的学生一起打篮球，比赛定点投篮，有时候学生投篮还真的投不过我。这样一来，学生就会把我当作自己人、当作好“哥们儿”，和他们沟通起来当然也就容易很多啦。

所以你看，有时候我们可以适当地改变自己、调整自己，多培养一些和身边的人共同的兴趣爱好，这样就能交到更多的朋友，也可以让自己更好地全面发展，也没什么坏处，你说是吧？

第二种情况，朋友希望我们和他一起做的事情可能是有争议的，比如说打游戏。现在流行的游戏，如果你不会玩两手，有时候感觉跟身边的朋友简直无法交流，他们凑在一起玩游戏或者聊游戏的时候，就感觉插不上话，像个局外人，那种感觉特别难受。

跟你说，我这个混迹在“00 后”中间的“90 后”特别懂这种感觉。

但是吧，打游戏有时候又确实影响学习。

那在这种情况下，大家就要根据自己的情况来做一个判断：我是不是那种能做到收放自如，该玩的时候玩，该学的时候也毫不含糊的人。

如果我们有这个自信能做到收放自如，那么游戏可以打，把它作为一种放松自己、和朋友交流感情的方式，其实也没什么问题，只要能把握好那个度，不耽误我们干正事。

当然，如果我们能发展一些打游戏之外的，积极健康的爱好、特长，比如刚才说的篮球这种运动项目，那是最好不过了。

既能和朋友一起玩，又能锻炼身体，还不伤眼睛，就很完美。

像读书啊，看电影啊，这些其实都是不错的选择，可以帮我们找到和自己志同道合的人，建立长久深厚的友谊。

那还有第三种情况，就是我们的朋友希望我们做的事情，可能真的不是什么好事。比如前面提到的抽烟、喝酒、打架、逃学这种。更糟糕的是，对方可能还会说一些话来激我们，比如“这都不敢，㞞”，或者刻意弱化这个行为的后果来诱导我们，比如“哎呀没事的，你看那个谁谁不也这样嘛，老师不会发现的”。

那这种时候，该怎么办呢？

我们首先要做的，可能就是重新审视一下我们这帮朋友和这份友谊，是不是哪里出了问题？我们是不是需要结交一些新的朋友，一些更健康、对我们来说更有益处的朋友？

我们提到谈恋爱的时候，是不是就常说：“真正好的感情，会把我们变成更好的人。”那友情也是同样的道理。真正好的朋友，是会和我们一起成长、一起变好、一起往前走的，如果他们试图带我们走的是一条“不归路”，那在适当的时候停下来“止损”，是最好的。

这话说起来简单，但是真的到了生活中，就没那么容易做到了。其实很多时候，我们并不需要真正切断这个关系，而是要学会在该拒绝的时候说“不”，不论对方怎么怂恿。

拒绝别人的邀请是很难的，因为这可能会带来别人对我们的拒绝和排斥；不被朋友们接纳，又会激发我们很多不好的感受，我们可能会感到自卑，感到“我是不好的，没有人会喜欢我”。这种感觉特别难受。

所以要想更好地对待朋友施加的压力，我们要有比较强大的判断能力来判断什么事情是可以做的、什么事情是不可以做的；也要有比较强大的意志力，来坚持自己认为正确的事情，不被身边的人影响和干扰。更重要的是，我们要足够相信自己，相信我们是好的、是值得被喜欢的，哪怕是被一些人拒绝和排挤了，也不能贬低我们的价值。如果他们不能欣赏我们的美好，那这个世界上一定有属于我们的圈子，让我们能够在朋友面前舒服地做自己。

其实我也经历过这种不太好的同伴压力的影响，不过在那个情境下，我还不是真正的受害者。

上初中的时候，我们班出现了比较严重的霸凌事件。几乎全班的男生，都在针对我们班的一个女生，评判她的外貌，嘲笑她说话的方式，在各种场合挤对她。我们可以想象一下，对于一个十几岁的女孩子，这给她造成了多大的伤害！那时候，班里所有的同学都不愿意和她一起玩，因为如果你和这个全班针对的人走得太近，那别人也可能会针对你，欺负你。这也是一种同伴压力，让同学们都不敢站出来帮助她。

我当时刚好坐在她的旁边，慢慢发现她其实是一个性格很开朗、很可爱的女孩子。是啊，她很爱臭美，很喜欢爽朗地大笑，她的成绩也不是很好，还有点八卦，但是这些都不足以构成全班男生欺负她、全班女生孤立她的理由啊！

所以我就做了一个决定：成为她的朋友。

有时我也需要和她一起面对同学的冷眼和嘲笑，但是我相信自己做的事情是正确的，也相信我的好不会因为这件事情就被掩盖掉，所以就扛住了这些压力。

我们都上了高中，有了新的同学，这种针对她的伤害也就自然结束了。我和她呢，就成了很好的朋友，上了高中之后我们还会在一起学习。现在，很巧的是她也成了一名老师，一名小学老师。我们也经常凑在一起交流工作上的事情。

所以我们可以看到，顶住同伴压力、做出正确的选择，有时候真的挺难的，但是如果我们足够强大就能做到，生活也一定会给我们一个特别值得的回报。我的回报，就是和这个姑娘结下了深厚的“革命友谊”。

师生关系：

和老师关系不好怎么办？

其实，老师们真的不可怕。如果为自己的前途考虑，我们得尽量理智地面对每个老师，如果因为讨厌老师而耽误了自己的前程，那可就得不偿失了。

古人说“师者，所以传道授业解惑也”。

你别说，老师是我们每位同学在学校要朝夕相处的人。不论我们乐意不乐意，老师对我们的影响是特别大的，这种影响从学习成绩到生活习惯，甚至是我们的三观，可谓无处不在。

好的老师就像一盏灯，会带着我们往前走，帮助我们更好地成长。我相信你们很多人都有过那种因为喜欢一个老师就拼命学习，这个科目就学得特别好的经历。如果不幸遇到了和自己不太对脾气的老师，有时候会不喜欢他的课，连带着对这门科目也失去了兴趣。

这件事呢，可以说是一个好消息，也可以说是一个坏消息，因为大部分时候我们是没有办法选择自己的老师的。

那对于我们来说，最好的应对方法就是，学习和各种各样的老师相处。换句话说，不论我们从直观感受上是不是喜欢一个老师，都不妨先放下我们的评判，试着和老师多接触看看，多沟通，多交流，可能会有完全不一样的感受。

有的同学可能要说了：“老师们上课的时候那么严肃，我下课绕着走都来不及。沟通交流还是算了吧！”这段话可能说出了很多同学的心声，包括我的学生们，虽然跟我关系已经很好了，但是我在走廊里追着他们要作业的时候，这帮“小猴子”也是远远看着我冲他们走过去，就赶紧掉头跑掉了。

可是，如果大家因为老师们在课堂上很严肃，在学业上对大家要求很严格，就觉得老师特别“凶”、不好接近，那我可真的得替广大教师同人们喊冤了！老师们真的有那么可怕吗？我今天就要破除这个观念——不是的，老师们其实一点儿也不可怕，都是很可爱的人。

当然啦，平时在课堂上，老师们时常要板着面孔大声讲话，一副凶巴巴的样子，有点吓人。但是这其实也是无奈之举，是迫不得已的。如果不这样，怎么管得住班里这群叽叽喳喳的同学呢？怎么让课堂不是像马蜂窝一样“嗡嗡嗡”一团乱麻，而是秩序井然，让大家都能听到讲课内容，都能学到知识呢？所以大家如果想和老师搞好关系，最简单的方法就是在课上认真听讲、积极回答问题，千万不要捣乱啦！

大家经常吐槽老师的还有一点，就是作业留得太多了！从来不会手下留情，一副不累死咱们不罢休的架势。但是，大家可能不会想到，其实留作业对老师们来说也是特别头疼的一件事情。说真的，如果不是为了让大家多学点知识，老师们才懒得花时间出题、判作业、写评语呢，更不要说追着你们要作业了。其实，为了减轻自己和学生的工作量，很多老师在留作业的时候已经花了很大功夫来挑选和精简了，筛掉那些不重要的东西，只留最有用的内容。在学习上尽量做性价比最高的事情，这是在所有情境下都通用的道理，这道理老师当然比你更清楚。所以说，老师们这么用心给大家准备的作业，我们当然要认真做啦！这表示了我们对老师的尊重，也是一种对自己负责任的态度，老师们当然会喜欢懂事又听话的学生，大家和老师的关系自然就拉近了。

那对于十几岁血气方刚的少年来说，有时候也可能会和老师产生冲突。尤其是在我们没有按照老师的要求行动时，老师训人有时候是挺不讲情面的，噼里啪啦一顿批评，经常会说得人恨不得找个地缝儿钻进去。批评人这件事吧，其实和留作业一样，也是老师很不愿意做的事情，有时候真的是迫于无奈。比如，说好了每天要交作业，结果某些同学就是没交；或者有的同学不太有时间观念，上课总是迟到；更严重一点儿，同学之间也可能有欺凌的情况发生……这个时候就需要老师站出来，指出他们的错误，帮助他们改正，也让班上所有的同学明白什么事情是可以做的，什么是不合适的。在这个过程中，严肃批评只是一个方式方法而已，背后的目的是帮助大家养成良好的学习习惯和学习意识，让大家掌握知识和能力。所以，老师批评谁可不是针对谁，只是针对这件没做好的事情而已。如果受到了老师的批评，那么我们就不妨想一想背后的原因。

其实，成为老师之后，我才明白了老师的辛苦和不容易。哪个老师不希望每天和学生嘻嘻哈哈、开开心心，对大家和颜悦色的呢？而且最好少上点课、不用留作业，学生就能学好、就能考出好成绩。所以在“偷懒”这件事情上，其实老师们的想法和大家是一样的。

可是，学习本身就是需要我们付出努力才能做好的。我们需要克服很多人性上的弱点，去战胜和超越过去的自己，才能真的发挥出全部的潜力。老师们都深深地明白这一点，所以才会一副“苦大仇深”的样子，每天追在大家后面提各种各样的要求，其实不是要跟任何一位同学作对，而是希望每一位同学都能学到知识，获得能力，并且“学为好人”。

说了这么多，不知道你有没有对老师们有一些不同的认识和看法呢？其实，老师们骨子里都只是普普通通的人而已，有着特别平凡的喜怒哀乐，也有自己的优点和缺点。只是站在讲台上，老师们就带上了一个特殊的身份，被赋予了一份“教书育人”的责任。走下讲台，他们都只是努力在自己的工作岗位上实现自身价值的普通人。

比如说我自己就是这样，在学校可能经常要板着脸没收学生的手机，阻止他们玩游戏，但是下课后回到家里，我在休息时也会拿出手机来玩。可是一回到教室里，我依然要为学生的学业负责，所以无论如何也不会允许他们在上学时间玩游戏的，于是就只能换上那副凶巴巴的面孔了。我是这样，你的老师也是如此。他们除了在课堂上的"严肃脸"之外，肯定也有丰富有趣的隐藏面孔，只是在岗位上的时候把这些面孔收起来了而已。他们凶巴巴的坏脾气背后可能是一份极强的责任感，严格的要求背后可能是对同学们的殷切希望。

所以对于同学们来说，在面对每一个老师的时候，我们都不妨先放下过去的刻板印象，试着去透过老师们戴着的那副面具，来真正认识自己的老师，从尊重和理解出发，努力发现他们身上值得我们学习的闪光点，并且主动来和老师多多交流。我相信没有一位老师会拒绝一个真诚的学生。我们迈出走向老师的那一步，或许就会看到老师也张开怀抱向我们走来。

我自己也曾经经历过从一开始不喜欢一个老师到慢慢发现他身上的闪光点的过程。这个老师是我高中的一位数学老师。我曾经偏科特别严重，数学学得很差，再加上这位老师要求特别严格，上课经常让大家做一些很难的题，算不出来的话又要长吁短叹一番，搞得大家压力很大。所以，刚刚接触这位老师的时候，我心里是怀着抵触和畏惧的情绪的。

但是，当我怀着一肚子不满向我老妈抱怨的时候，她说的一番话让我到现在都印象特别深刻，她告诉我："不要刚接触一个人就给他下定义，你的数学又不太好，应该多和老师接触接触才是，或许你会发现他不是你开始想的那样呢！"

我一想，也对。我数学这么差，如果再因为不喜欢老师而耽误了学习，那可真的就没救了。所以，硬着头皮上吧！我一咬牙一狠心一跺脚，就开始主动和老师接触：上课的时候，我遇到不懂的题就马上举手问，也不管丢不丢人；下课时，我会赶紧跑到讲台上问问题，趁热把上课没弄明白的地方解决掉。午休的时候如果有时间，我也会拿着最近几天考试的卷子去办公室找老师面批，不管考得多差都要去，考得越差我越要去。

没想到，没过多久我对数学老师的看法就完全改观了。我发现，他其实是一个很幽默也很负责任的老师，对于我的各种稀奇古怪的问题从来没有表现出不耐烦，哪怕是从最基础的知识点给我讲起，也会保持耐心。印象很深的是有一次我在办公室问完问题，他看了一圈然后叹了口气，特别失落地自言自语："午休我都不敢出去，就是怕有学生来问问题，可是，这儿怎么总冷冷清清的呢……"那时候，我才真正理解了这位老师，也开始发自内心地欣赏他。

从这之后，我学起数学来也更加起劲了，后来数学成绩一点儿一点儿地提高也和老师的关系很大。到现在我也认为这位数学老师是对我影响最大的老师之一。

说了这么多，不知道大家对于老师是不是有了不一样的感受呢？其实，老师们真的不可怕。如果为自己的前途考虑，我们得尽量理智地面对每个老师，如果因为讨厌老师而耽误了自己的前程，那可就得不偿失了。而真正接触、了解老师们之后，我们就会发现，每个老师都是可爱的、值得爱的，古板刻薄的面具之下，往往藏着一颗柔软的心。“一日为师，终身为父”这句话我过去不以为然，现在自己当了老师却非常认同——其实这不只是在讲学生对待老师应该如孝敬父亲一样恭敬，也说出了老师们将学生当作自己的孩子一样培养的一片心。

所以，希望我们都能对老师报以尊重，认真聆听老师的教诲，并且在他们的指导下，更好地学到知识，收获成长。

人人都可以是“万人迷”

只要学会容忍他人的不足，接纳别人，并勇敢地表现自己，再用真诚好好经营友情，谁都可以成为受朋友欢迎的“万人迷”。

我们的身边有这样的“万人迷”：有着招牌式的亲切微笑，和大家能迅速打成一片，到哪儿都很受欢迎，总是呼朋唤友，似乎从不知寂寞孤单为何物。这样的人在处理各式各样的人际关系时都如鱼得水、应付自如，真是让很多人自叹不如，同时羡慕、嫉妒。这些“万人迷”们未必有“一笑倾国，再笑倾城”的美貌，但一定有磁石般吸引人的气场。其实，只要做到“接纳他人，改变自己”，学会“交友之道”，我们每个人都可以成为受朋友欢迎的“万人迷”！

世界上有没有完美的人？答案自然是否定的。要交到朋友，第一点，也是最重要的一点，便是要有一颗能够包容他人的不足、接纳他人的缺点的心，在意见不同时懂得忍让。世界上根本不存在像配套的螺钉和螺母那样合适，可以严丝合缝地结合在一起而不产生任何矛盾的两个人，因此，和朋友相处，贵在包容。只要懂得了包容、接纳、谅解，不仅能交到朋友，更能在人际交往中给人温和、亲切的感觉，亲和力顿时暴涨，谁不愿意和我们做朋友呢？

韩国电影《我脑中的橡皮擦》中有两句经典台词："宽恕与怨恨，其实只在一念之间。原谅，其实没有那么难。"是啊，我们和身边的人之间，能有什么大不了的矛盾呢，无非就是各人有各人的习惯、各人有各人的观点罢了。要是为了这些鸡毛蒜皮的事，每个人都死死抱着自己的那一套，不肯做一点点让步，怎么可能相处得愉快呢？记得小学时候的我就是个不折不扣的"刺儿头"，特别有主见，和人家共事的时候总闹矛盾。印象最深的就是，我和班里的小依都是宣传委员，每次办板报都得大吵一架，每个人都认为自己是绝对正确的，谁也不愿意采纳对方的创意，到最后两个人总是赌着气各搞各的，板报也做得乱七八糟。不仅如此，五、六年级的我在班里可是"恶霸"级人物，对搞怪的男生下手丝毫不留情，连我的同桌都搬弄刚学的新词亲切地称我为"Female Tiger"（母老虎）。后来，在成长过程中，我慢慢学会了收敛毕露的锋芒，学会了与人和睦地相处，用微笑来面对大部分争端。上了初中，我的性格已经温和多了，以至于当我的初中同桌和我的小学同学在高中相遇，谈到我时，竟然感觉他们说的好像不是一个人似的，两个人都不相信我的性格竟然有了这么大的改观。我在与人共事时学会忍让，学会包容、接纳，成就了现在这个与人交往时自信而不咄咄逼人、乐观而又沉着、亲切而不盲从的我。

不过，要交到朋友，单单接纳他人是不够的，我们准备好了包容别人的缺点，但先得交上朋友，才能说包容不包容的，对不？所以，我们得打开心中的那扇门，让别人走进来，了解自己。我们还得主动走出去，勇敢地与人交流，去参加集体活动，去和身边的同学朋友交谈，去无私地帮助别人，去用微笑展示最美的自己……没有一个人会无缘无故地对另一个人心生敌意，只有我们敢于表达自己、表现自己，才有机会和潜在的“有缘人”熟络起来，培养出值得珍惜的友情。

《论语》中有句经典的话：“不患人之不己知，患不知人也。”这句话讲的是，一个人不必担忧别人不了解自己，而应该考虑自己是不是了解别人。在人际交往中也是如此，只抱怨别人不接纳自己是没有意义的，不如认真审视一下现在的自己，是不是有值得朋友认可的优秀品质？人际交往的成功不同于事业的成功，我们需要的优秀品质便是“真诚”二字。

相信很多人都有体会，一个人最让人生厌、无法相处的地方，不是他有多坏的小脾气，有多少麻烦的小毛病，有多么自私自我，这些缺点当然是不利于相处的，但是最可怕的还不是这些，而是不真诚，恶意欺骗。这个欺骗可能只是关于生活中的小事，但是却会让人品分大打折扣，因此丢失掉朋友的信任。与人相处最宝贵的就是将心比心的真诚，是守信，是不欺骗。付出一颗真诚的心，一定可以换来珍贵的友情。

前面聊了如何交到朋友，但是并不是建立了友谊便大功告成了。要维持一段好的友情，和种庄稼的道理差不多：有付出才有收获。只从朋友那里索取我们所需要的陪伴、支持是万万不可的，更需要的是不断地付出。金钱上的付出很现实、很直接，说白了就是彼此之间不能有经济上的亏欠，亲兄弟还明算账呢！如果一个人总是捂紧腰包，不管大家一起出去做什么，总要别人埋单，还欠债不还，爱贪小便宜，谁会愿意和他做朋友呢？在自己所能承受的范围之内慷慨一些，不要斤斤计较于小钱，这样的友情才能够长久。

而最关键的付出，是情感上的付出。俗话说“患难见真情”，“路遥知马力，日久见人心”，一个人是否值得长久地交往，要看在时间的流逝中他是否能始终如一地真诚、善良，是否在关键时刻能帮别人一把，愿意为朋友做力所能及的事情，是否能信守诺言，保住那些两个人的秘密……这一切的一切，是我们选择朋友要注意的地方，也是我们自己应该尽量做到的。就像我和我的闺密小明，正是这样为对方付出了真感情，才从初中要好到了现在，一直是无话不说的好朋友。上了大学，她到了遥远的南方，我们两个还不时在网上秀个“恩爱”、互相寄明信片什么的，遇到事情也会第一个打电话给对方倾诉。朋友是家之外另一个温暖的避风港，朋友之间理应相互爱护、相互扶持，走过生活的重重考验，一起经历风雨，再一起笑看彩虹。能遇到小明这样的朋友，我很幸福。

每个人都渴望友情的温暖，都希望自己能有一大帮信得过的哥们儿、姐们儿，一起疯一起闹，一起学一起玩，有福同享，有难同当。其实这并不难，只要学会容忍他人的不足，接纳别人，并勇敢地表现自己，再用真诚好好经营友情，谁都可以成为受朋友欢迎的“万人迷”，收获最宝贵、最美好的友谊！

遇见爱情怎么办？

遇见爱情真的是一件特别美好的事情，不管是在什么年纪。不过对于处于学生时代的你来说，抓紧时间提升自己、为了前途而努力依然是最重要的事情，因为只有我们把自己变得更优秀、更美好，才会吸引真正值得我们去爱、去呵护的人。

这篇文章，是关于那些不能跟父母和老师说的小秘密——爱情。

遇见爱情怎么办？上学的时候到底能不能谈恋爱？在这件事情上又要怎么和父母沟通呢？现在我们就来聊一聊这些棘手的问题。

为什么我说爱情是“不能跟父母和老师说的小秘密”呢？你肯定懂我的意思，因为在上学期间，尤其是上大学之前谈恋爱，通常会被称为“早恋”。我们一听就知道，这已经给它定了性，就是：恋爱这件事情，发生在未成年的时候，太早了，是不合适的。

那么，“早恋”真的太早吗？如果真的早的话，为什么我们会在这个时候开始对异性产生兴趣，为什么我们会在学校遇见喜欢的人，又为什么会忍不住被对方吸引，为了对方患得患失呢？

其实，在青春期的时候，我们会有这种被某个人强烈吸引，心脏怦怦跳，很想和对方一直待在一起的感觉，是特别正常的。在这个时候，我们的性别意识进一步发展，同时对于归属感又有比较强烈的渴求，希望能够获得爱和亲密的关系，是一种很自然的情感体验。

其实我自己在上学的时候，也曾经遇见过喜欢的人，就特别想在学校里见到他，也会经常给对方送小礼物，自己亲手叠个纸星星啊，缝个布娃娃啊，总之就是想用各种各样的方式去表达我的喜欢，也很期待对方能有个回应。我记得那时候还没有智能手机，就偷偷跟喜欢的人发短信，有时候一个月的电话费多得夸张，要省吃俭用才能缴得起，还得瞒着爸爸妈妈，可真是不容易。

很多那时候的小故事、小心思，现在回忆起来都特别有意思，也算是自己青春里的一抹亮色了。

现在我做了老师，就发现在我的学生里，也有那种“小情侣”，还不止一对儿。他们有的属于“学霸”组合，两个人经常组团学习，互相比成绩，甚至互相表白之后约定高考完再谈恋爱；也有学习好的女生和爱玩的男孩子凑在一起，会看到女生上课时把睡觉的男生戳醒，逼着他听讲，记笔记；当然也有两个人都不爱学习的，看得人特别着急。

我呢，作为一个自己也“青春”过的年轻老师，当然是特别开明的，不会粗暴地切断两个互相喜欢的同学之间的联系，也不会直接向家长举报他们，但很多时候也真的会为他们捏一把汗——要知道，上学的时候谈恋爱，其实是风险很大的！

有人可能不服气，想着，我们一起学习，一起进步，不是很好吗？

老师要说一句，如果你们真的能做到一起努力学习，那肯定是件好事啊！其实父母和老师不赞成青少年“早恋”的很重要的原因，就是怕你们把时间花费在恋爱上而耽误了学习。那你说这种担心有没有道理呢？这种风险是真实存在的，如果我们不能完全理解学习跟生活中的玩乐享受的关系，或者说没有足够的自制力，那么当面对“爱情”这个巨大的诱惑时，就很容易分心、搞得无心学习。至于那些真实存在的“学霸情侣”，他们都在谈恋爱的同时把学业看得非常重，而且能够理智地分配好自己的时间和精力，才能够做到不让恋爱影响学业，甚至还能互相促进、一起进步。

他们的做法是非常明智的，因为在感情中，常常是相似的人互相吸引，优秀的人就会和更优秀的人聚集在一起；而即便是刚开始互相喜欢的两个人，如果不能一起进步的话，一旦其中有一个人掉队了，两个人有了不同的眼界、不同的想法，也就很难再继续互相吸引，感情也会出问题。

所以说，我们要能在关系中彼此滋养，一起努力，把自己变得更好的同时也鼓励对方往前走，这才是一份很珍贵、很值得珍惜的感情。

可是，只要我们怀着一份很美好的愿望去努力，感情就一定会一帆风顺吗？

坏消息是，那可不一定哟。

这里的问题就出在，青春期的恋爱和我们生活中的每一段关系一样，也经常是起起伏伏的，有好的时候，也有不好的时候。再加上十几岁的时候我们的心智还不太成熟，很多关于自己的事情都还没想清楚，当然很难知道自己到底想要找一个什么样的伴侣，更不要说和另一个人认真磨合，好好相处了。

所以啊，青春期的恋爱，其实是特别不稳定的。这个年纪很容易出现一时冲动，又转瞬即逝的感情。可能刚开始的时候两个人互相喜欢，在一起怎么都开心，就感觉生活也好了，学习也有劲头了，可是，过一段时间，热恋期一过，各种矛盾就会出现。这个时候，如果没有足够成熟的心性来处理好这些问题，感情就可能会破裂。出现了这样的情况后，如果有一方先想到要结束关系，那么恋爱中的另一方就可能会经历“失恋”。

对于十几岁的你来说，失恋可能是一件特别可怕的事情。曾经那么熟悉、自己那么喜欢的人，就突然不想和自己在一起，甚至不想搭理自己了，那种巨大的失落感和孤独感，会让人感到没法呼吸，可能连饭也吃不好、觉也睡不着，连正常的生活作息都没办法保证，更不要说上课专心听讲、认真学习了。如果持续的时间短还好，但是如果很久都缓不过来，就可能会影响学业，搞得成绩一落千丈，更严重的甚至会损伤我们的身体。

那这些，都是中学时期谈恋爱要面临的风险。所以在准备开始一段恋情的时候，可以问一问自己，是否真的做好了准备。不仅要做好享受爱情的甜蜜的准备，更重要的是，是不是也做好了失去爱情也能够照顾好自己的准备。

那么，万一我们真的失恋了、感到很难过，完全无心好好生活和学习，这时候该怎么办呢？

俗话说："时间是最好的解药。"这话听着有点消极，但其实特别对。

我记得自己惨痛失恋的时候，好朋友跟我说："有些事情只能自己熬，熬过去了，就好了。"其实失恋之所以会这么难受，是因为它不只带来一种心理上的难过，还有一种生理上的痛苦，那是一种"戒断反应"，就像突然戒掉某种上瘾的东西一样特别难受。

这是因为，我们在恋爱的时候大脑会分泌多巴胺、血清素等让我们感觉到幸福和快乐的激素；而失恋的时候，我们会感觉抑郁、情绪低落、焦虑等，其实很大程度上都是因为这些激素的分泌突然减少，我们的身体无法马上适应这个状态，浑身不自在。

知道这一点，对于沉浸在失恋中的我们来说特别重要，因为它证明了不论心心念念的那个人会不会回来，我们现在经历的这些难受和痛苦都会过去，我们只是需要时间适应这种身心状态，重新找回属于自己的平衡。

这个时候，我们可以原谅和接纳这个看起来太脆弱的自己，允许自己在一个相对舒适和安全的环境里平复情绪、恢复力量、适应变化，重新找回自己。

在这个过程中，我们可以用很多方法让自己变得快乐一点儿、好受一点儿，来加快自我恢复的速度。比如，吃一顿大餐、和朋友们一起聊天玩耍、跟父母谈心等，让我们找回爱情之外的温暖和支持，重新感受被爱的感觉。

对我自己来说，我失恋的时候有一个从根本上解决问题的精神胜利法，屡试不爽，那就是奋发图强、把自己变得更好。我会在大哭一场之后告诉自己：哼，有什么了不起，竟然还敢跟我提分手，还敢瞧不上我！咱等着瞧，我要把自己变得更好更美更优秀，让你高攀不起！

就是怀着这样的一股劲头儿，我在高中的一次失恋之后开始加倍拼命地学习，每次自己的作文被当作范文给全年级同学朗读背诵的时候，我想象着前男友的脸色，就感觉特别解气、特别舒爽！同时，我还开始运动、健身，一个冬天就练出了马甲线，连身体都变好了。果真，失恋之后我像打了鸡血一样努力，不小心把自己变成了更美好的样子，当然也就不会再去在意过去的那些恩恩怨怨。

其实你看，虽然失恋特别苦，但它也可以是一段非常宝贵的成长经历，只要我们熬过去了，就会有特别大的收获，对于我们自己、对于感情都会有更深刻的感受。经过了这些，再回头，你也会佩服当时那个没有被打趴下，反而还用更帅气的姿态继续往前走的自己。

当然很多时候，我们在恋爱中要处理的不仅仅是自己和对方的关系，还有和身边的人的关系，尤其是还要面对父母和老师。那通常来说，父母和老师对于“早恋”的态度都是比较明确的，就是：不同意！搞得谈个恋爱跟打游击战似的，被发现的话后果就很严重。

其实，就像我们前面说的，父母和老师反对我们恋爱，其实就是考虑到了其中的风险，不希望这件事情影响我们的学习和生活。所以从这个角度说，最重要的其实是我们自己做好“风险控制”，不论在什么情况下都要做到两点：一是把学习作为最重要的事情并且付诸行动，保持好的学习状态和学习成绩，那么当他们搬出“恋爱影响学习”这种大道理的时候，我们反驳起来也会更有底气！二是要时刻“爱自己，做自己”，怀着一种“为自己负责”的态度，在恋爱中才不会失掉自我，也才能更好地应对恋爱中的风险。

另外，大人们，尤其是你的爸爸妈妈担心的还有一点，就是你们在恋爱中能否把控住自己亲密行为的尺度，不做伤害对方、伤害自己的事情。在关系的尺度上，每一个人的想法可能不同，但是无论什么时候你一定要清楚自己的底线，保持理智、头脑清醒，在该拒绝的时候坚决地说“不”，千万不要做让自己后悔的事情。保护好自己，是我们在面对所有事情的时候都需要牢牢记住的准则。

还有一点，老师和父母作为过来人，很多时候对于这些事情还是有更深的体会的，比如说我，虽然在感情上有的是教训，也没啥成功经验，但是很多我们踩过的坑真的不想你们再去踩了，所以爸爸妈妈和老师才会苦口婆心地跟你们讲道理。

所以有时候如果真的遇到了特别困惑和苦恼的事情，最好还是找到你信任的成年人聊一聊，吸收他们的人生经验，听一听他们的分析和建议，说不定会豁然开朗。

最后我想对你说，遇见爱情真的是一件特别美好的事情，不管是在什么年纪。不过对于处于学生时代的你来说，抓紧时间提升自己、为了前途而努力依然是最重要的事情，因为只有我们把自己变得更优秀、更美好，才会吸引真正值得我们去爱、去呵护的人。如果在这个时候遇到了伤害和挫折也不要害怕，在痛苦中成长之后的你，一定会是一只涅槃的凤凰，变得更坚强、更可爱。

真的很希望每一个你都可以在最美的年华遇到最好的那个人，一起拥有特别幸福的一生。

父母也可以是靠谱的恋爱顾问

父母是我们这一生中最亲近的人，也是最爱我们的人，其实在爱情面前，他们也可以是我们最好、最贴心的私人顾问，帮助我们做出正确的选择。

中学的恋爱是大多数父母非常不赞成的，听到我们“有动静”，不大发雷霆就是好的，更不要说提出建议，而且我们也会觉得，爸爸妈妈说的都是他们那个年代老掉牙的碎碎念，有啥用？不过我们必须要承认的是，爸爸妈妈的人生经历比我们还是要多很多的。他们遇到过各种各样的人，感情经历更是比初出茅庐的我们要多得多。老爸老妈对于恋爱，有时的确可以给出真切可靠的建议。

我高三时和男朋友正是情深意浓、难舍难分之时。报志愿之前我们进行了讨论，他最可能报的志愿在遥远的南京；而对我而言，虽然那时候还没有上北大的信心，但能留在北京上个中国人民大学、北京师范大学无疑也是很好的选择。但是如果这样报，我俩要面对的便是大学四年的异地恋，而连分开几天心里都难受得不行的我们，怎么能受得了？真是想想都觉得骇人。于是，我便开始考虑放弃北京的高校，选择南京大学，为的是和他在一个城市读书。这个时候，妈妈和我进行了一次至关重要的谈话。

那是一个清凉的初夏之夜，为了放松高三复习紧张的心情，我和妈妈在小区里遛弯儿。我深知报志愿对于一个人的发展有多么重大的意义，这么大的事必须要和父母商量，于是我把前几天想的报南京大学的事情告诉了妈妈，坦白了我想去南京读书是想和他在同一个城市。其实我知道妈妈应该不会赞成的，但是我需要听听她的建议。

妈妈果真反对，向我娓娓道来：“这个事情呢，其实没有你想的那么简单。第一，两个人谈恋爱真的非要在同一个城市不可吗？”

我肯定地说：“当然，不在一个城市想见见不到，只能依靠电话、短信，两个人多痛苦啊！不在身边的话，万一有别人乘虚而入，这感情不就‘黄’了？”

“想一个人当然不好受，但是如果只是因为见不到、不在身边就会被别人乘虚而入，这样的感情是经得住考验的吗？”

我一时语塞，好像明白了点什么。

妈妈接着说：“你看，异地恋其实是对你们感情的一场考验，不就是四年嘛，而且每年都有两个长假，真正分开的时间也没有那么多。如果连这样的分离都经受不住，那么只能说明你们都还太不成熟，你们的感情还不够深厚。”

我这时有点恍然大悟了，却还是不甘心，噘着嘴有些不服气。

妈妈看我有点动摇了，便笑着说：“还有啊，你想想看，你如果为了他放弃了更好的学校和更好的发展机遇，他往后得背着多大的压力啊！总是抱着亏欠你的心情和你相处，这样的感情是不是比较容易变质？”

这回我是真的泄气了，打心眼儿里觉得妈妈说得非常有道理，虽然心里非常难过，但还是点了点头。

诚然，异地恋一向是不被人看好的。遥远的距离、长久的分隔、不同的生活环境、对方身边“虎视眈眈”的其他竞争者，这种种都是需要面临的巨大挑战，稍有不慎，一段曾经完满幸福的感情就会败给无法逾越的时空距离，在众人的唏嘘中落下帷幕。这时，我们理所当然地将异地恋的破碎归因于距离，然而事实却是异地考验了爱情。就像风吹熄微弱的烛光，却使热烈的火焰燃烧得更旺，分别会削弱细小的热情，却能够使强大的感情愈加浓烈。

通过和妈妈的谈话，我明白了这条关于爱情的深刻哲理。

于是，和他商量过后，我们决定各自追求最好的发展，不去顾虑异地的问题。做好了这个决定，我们的心里是酸涩又幸福的，但是并不害怕，因为我们都将在以后的四年里，在彼此不在身边陪伴的日子里拼尽自己的全力去学习知识、收获经验、经历成长。那时的我们，单纯而又固执地相信，每个假期的相遇都会如初见般珍贵美好，四年后他将风尘仆仆地回到这个我们共同拥有的城市，带着不变的爱和梦想，一起构筑属于我们的未来。正如一句话所说："在爱情里，我们最不怕的就是距离，拥有异地恋是幸福的，因为你拥有了一个可以跟你一起坚持的人，一颗和你有同样的执着和梦想的心，一份强烈到可以挑战距离的爱。"

现在那段情愫也已经化为温暖的回忆，回看那时多少有些幼稚的自己，便越发觉得和妈妈关于爱情的那次谈话对我影响深远，也很庆幸我当初的选择。世界上最靠得住的，还是自己的真才实学啊！

我从父母对爱情的建议中收获颇多，可是很多父母坚决反对谈恋爱，要怎么在这方面进行交流呢？首先，我们要清楚，爸爸妈妈无论做什么都是为了我们好，阻止我们谈恋爱，最重要的原因是担心影响学习，或是女孩子会因此受到伤害，这中间还混合着依恋孩子、不情愿就这样把含辛茹苦养大的孩子让给一个"小屁孩儿"的心理。这些都是爸妈爱我们的表现，他们其实只是希望我们能健康成长，能获得幸福，我们应该理解他们复杂的心情。因此，在恋爱的事情上不应该故意和父母对着干，如果真的有一份认真对待的、很好的感情，也要自己把握好分寸，不要发生让父母担心、不满的事情，这样父母或许也不会坚决反对，会睁只眼闭只眼也说不定。

而当我们遇到重大抉择或者困惑之时，一定不要忘记，身边除了恋人，还有这样两位心甘情愿为我们无私付出的、一心希望我们快乐幸福的、有经验、有内涵的长者呢！把困惑告诉他们，认真听听他们的思考和建议，你会有所启发。对于父母的话不必盲从，但可以多加斟酌后再做决定，一定比自己闷着头想，或者找一个和自己一样没有足够人生经历解决问题的同龄人倾诉，要直接有效得多。

父母是我们这一生中最亲近的人，也是最爱我们的人，他们付出一切心血，就是希望我们能获得自己理想中的人生。在生活起居上，他们是我们的帮手；在规划未来时，他们是我们的导师；而其实在爱情面前，他们也可以是我们最好、最贴心的私人顾问，在关键时刻帮助我们做出正确的选择。

失恋也可以很美

我在这次痛彻心扉的失恋过后，如凤凰涅槃般获得了新生，获得了奋斗的力量，在走出阴影的同时，收获了看得见的成绩，更得到了看不见的成长。

高二刚刚开始的时候，我失恋了。那个高高帅帅、白白净净的“文艺青年”，只用一条“分手”两个字的短信便结束了我们的感情。

这段感情说长不长，说短也不短，足够两个人从陌生到熟悉，从心动到热恋，再从热恋到厌烦。或许是我的依赖和他的独立格格不入，他终于没有兑现“在一起至少三年”的幼稚而又掺杂着现实的诺言，和我说了再见。

收到短信的那个下午，我从学校回到家所在的小区，捧着手机，感觉整个人像被抽掉了骨头一样，瘫坐在草地上，放声大哭起来。那一次，我真真切切地感受到心痛不只是一种情绪，我的心真的像刀绞一般疼得要命，只能按着胸口蜷缩成一团，用力撕扯着手边可怜的小草，毫无理智地发泄。

多久没有像孩子一样不顾形象地放声大哭了？我哭得撕心裂肺，哭得眼泪鼻涕混在了一起，哭得头昏脑涨看不清这个世界。闺密一直默默地陪在我身边，一下一下地抚摸着我的头，给了我比任何话语都抚慰人心的支持；爸爸从楼上跑下来蹲在我身边，眼中有怜爱、有疼惜、有愤怒，真的让我很感动。开始，我以为或许我会就这样一直哭下去到世界的尽头，但是当我眼泪哭干、嗓子哭哑、筋疲力尽的时候，忽然明白这样下去一点儿意义都没有，于是我拉着闺密的手站起来，抹了一把眼泪，踉踉跄跄地上楼回家了。

进了家门，整个人还是昏昏沉沉的，心像被掏了一个大洞，脑子空空的，什么也不能思考。忽然，脑海里闪过和他冷战前，就是在那句“分手”之前他给我发的最后一条短信：“你去找个能陪你的男生好了，你不想好好学习，我还想好好学习呢。”瞬间，我愤怒极了，心里不平地想：我不想好好学习，你想好好学习是吧？因为这个和我分手吗？那么，好，我就要好好学习给你看，我要让你看到我比你优秀，让你后悔！带着火一般燃烧着的愤怒，我冲进卧室，开始搜罗所有和他有关的东西，把它们一件件放在一个大箱子里，打点好之后一股脑儿交给了非常乐意效劳的老爸，拜托他把这些收在隐蔽的角落不要扰乱我的心绪。

决定好了告别过去、重新开始，我忽然感觉轻松了起来。虽然想到过去的那些甜蜜、幸福，心还是很痛，但是我已然找到了重新站起来的力量，那就是证明给伤害我的人看，我可以有多么出色，而他，做出了一个多么错误的决定！

那时，正好是文理分科后的第一个学期，我和他都学的文科。这全新的开始，是我证明自己的一个很好的契机。没有过去的成绩的牵绊，没有任何既定目标，我要从这个地方开始奔跑，让他看到我的成长、我的进步、我的辉煌。

第一次期中考试过后，年级的黑板上贴出了考试排名前三十的同学的名字以示表扬，我的名字就在其中。看着各个班级的同学挨挨挤挤地在榜前看着，想到他可能也会在上面看到我的名字，心里得意极了。再后来，我的语文作文和英语作文经常被作为范文在全年级讲评，我的历史、地理和政治都考过年级的第一名被在各班表扬，想象着在异班的他一次次听到老师念出我的名字、夸赞我的文章时复杂的表情，我便感到一种别样的成就感，十分畅快。有了这样不服气的念头，我咬紧牙关在学习上奋力拼搏着，努力证明自己，成绩也因此一点点上升。

后来，我慢慢释然了，再回想起那段为了向伤害自己的人证明自己的价值而做的努力，觉得多少有些天真幼稚，因为已经离开你的人未必会在意你后来怎样了，优秀也好，堕落也罢，都与他无关，而且最有价值的努力是为自己，从来不应是为了不相干的人。但无论如何，那段青葱岁月里喷薄的愤怒和幼稚的报复，给了我几个月不顾一切的努力，让我在文理分科后拥有了一个比较高的起点，为我后来学业的蒸蒸日上奠定了基础。

现在想想，真庆幸受伤后的自己选择了“拼搏、努力，证明自己，让他后悔”这样一种积极的“报复”方式，而不是“自残、堕落，伤害自己，让他自责”这些消极的、不负责任的行为，这让我在这次痛彻心扉的失恋过后，如凤凰涅槃般获得了新生，获得了奋斗的力量，在走出阴影的同时，收获了看得见的成绩，更得到了看不见的成长。

诚然，失恋是痛彻心扉的。当深爱的人选择离自己而去，那种空虚、绝望、愤怒，会一下子击垮自己对爱情、对幸福、对未来的美好愿望，以为这就是世界末日了。

但是，其实失恋没有那么可怕。正像一首流行歌曲中唱的那样：“总以为，爱是全部的心跳，失去爱我们就要一点点慢慢地死掉。当我失去你那一秒，心突然就变老，the day you went away。”我们以为现在的感情便是生活的全部意义，因为我们是那么真心相爱，分开一定会留下无法复原的疤痕。但事实是，时间这剂良药会治疗一切感情上的伤口，终有一天，无论爱过怎样难以忘怀的人，受过怎样刻骨铭心的伤害，我们都会慢慢好起来，能够以平静的心态面对那个人，那个生命中的过客。

面对一次失恋，一个离开我们的人，我们能做的唯有释怀。其实，年少轻狂时的爱情是极其不稳定的，因为每个人的人生观都在不停地变化之中，又不具备真正承担责任的心理准备和外在能力，感情自然难以平稳、长久，相爱后又分开实在是一件再正常不过的事情。伤心是难免的，我会安慰自己：分开是因为不适合。就像独立的他和爱依赖的我，这样的组合中我们两个人的需求是错位的，一个觉得受限制，另一个觉得没有得到足够的关怀，时间久了自然会受不了，分开其实才是两个人最好的选择。想到这些，我又会感慨于他离开时的决绝其实给了我恢复元气的空间，让我在最短的时间里，重新找到生活的目标。

每一次失恋，其实都是一段美好感情的圆满句号，当我们释怀后回忆曾经，沉淀在脑海里的都是幸福与美好的片段，都是彼此明朗的笑容，是多么美好的一件事情呢！失恋，其实也可以收获除爱情之外的感动与温暖，比如来自朋友的殷切安慰，来自父母的疼惜与鼓励。失恋其实还是一个成长的机会，让我们明白爱情不是生活的全部，自己的幸福永远不能指望别人给，值得我们为之努力拼搏的，是掌握在自己手里的未来。

两年之后，我和当初的他都进入了大学，有了各自全新的生活。寒假，他约我出去喝咖啡，我斟酌后欣然赴约，因为我知道，此时的我们对过去的感情早已释怀，可以坦然地面对曾经的自己和现在的彼此，已经不需要逃避了。再次看到那个曾经让自己“爱得无可救药”又“痛得备受煎熬”的他，依然英俊挺拔，但是我嘴角扬起的微笑不再是傻傻的倾慕，而是透出自信、从容与淡然。

既然不适合做恋人，在释怀后做朋友，笑着谈论那时轻狂的你、痴情的我，再给彼此一份衷心的祝福，这样的失恋，岂不是很美？而我们也应该相信，最后的最后，一定会有一个人，爱你如生命。

父母不理解、太唠叨怎么办?

在和父母相处的时候，大家可以多多和父母用心地沟通和交流，帮助父母理解我们真正的需要，也帮助我们更好地理解他们。

在我们的生活中，爸爸妈妈应该是和我们联系最为紧密的人——我们可以选择和谁做朋友，也可以选择谁作为我们一生的伴侣，只有和父母之间的血缘关系，是我们没办法选择的。所以可以说，我们从一出生，就和自己的爸爸妈妈“绑定”在了一起，怎么也分不开了。

正是因为如此，我们和父母的关系就特别重要——和谐的亲子关系让我们更能感受到家的温暖，也能更好地养成健全成熟的人格。可是对于十几岁的我们来说，和爸爸妈妈的关系却是特别微妙的，他们常常给我们制造“麻烦”，让我们很头痛，和爸爸妈妈斗智斗勇那都是家常便饭。

比方说，他们是不是每天唠唠叨叨说着让我们穿秋裤，喝热水，而且拦着我们不让穿那些最时髦的衣服，不让我们做最酷的发型？甚至有时候还没收我们的手机，不让我们玩游戏，网络小说也不让看，过分极了！这段话是不是说出了你的心声？

可不是，青春期的你如果再遇上更年期的家长，那简直就是水火不相容，每天家里都像要打仗一样，各种小事都要争个“你死我活”，谁也不让谁。老妈以前写过一篇文章，名字就很有意思，叫《14 岁和 41 岁的战争》。内容顾名思义，讲的就是十四岁的我和四十一岁的老爸在家里挑起的无数场让人哭笑不得的大小“战事”。一会儿是我想和朋友出去唱歌，被顽固保守派的老爸百般阻挠；一会儿是我看了各种美剧，被老爸训斥为“不务正业”；一会儿又是我不愿接受他在学习上的建议，和他互相抨击“没文化”……

那段日子，家里真是特别热闹，三天一大吵，两天一小闹的，总也消停不下来。

不过，跟他们吵架归吵架，最终还是要在一起生活的最亲密的家人，所以总这么闹下去也不是个办法，咱总得想想辙吧。既然这样，咱们不如一起来思考一下，为什么我们在十几岁青春期的时候，会这么容易和父母发生冲突呢？

其实就像前面我们提到的，青春期的我们处在人生中很特别的一个阶段，从身心到社会属性上都在发生着一系列的变化。具体来说，我们对外界的刺激会产生非常强烈的情感反应，但是还没有完全掌握控制自己情绪和行为的能力，所以处在一个易冲动而且敏感的年纪。在这种情况下，一旦和父母起了冲突，就容易激起我们心情的剧烈波动，紧张、愤怒、沮丧、孤独等感受都会被放大好几倍，所以就比小时候更容易用激烈的方式来回应他们，好像只有这样才能缓解心里翻涌的情绪，让自己感觉好受一点儿。

与此同时呢，由于我们处在一个自我意识萌芽和不断加强的时期，开始更多地思考“我”想要什么，所以自然就有了更多的主见，希望自己能做很多决定。但是爸爸妈妈往往还没有做好放手让我们自己去闯荡的准备，所以在很多事情上还希望像小时候一样替我们做决定。在这个时候，我们是那么想快点长大、想快点为自己的人生做主，真的不想再听人指挥了；而家长呢，总是担心我们做出错误的选择，所以总想每时每刻地跟着我们，那么会引起冲突的事件自然也就变多了。

就这样，我们和父母闹矛盾的频率和强度都变高了，这就造成了我们和父母之间“战事”不断升级，导致每一个青春期的孩子在大人口中都被贴上了“叛逆”的标签，这可真是不公平啊！

其实呢，和父母相处，并不是只有“冲突”这一种模式，要跟他们和谐相处并不难，只要掌握了交流沟通的方法，而有效沟通的前提，一定是理解。

其实，我们和爸爸妈妈之间所有的矛盾，归根结底基本都是源于互相之间的不理解。

年轻人没有做过父母，也没有经历过爸妈那种成年人的生活，也没有体会过对自己的孩子那种牵肠挂肚的感觉。而爸爸妈妈，虽然自己也长大过一次，但是多半忘了自己十几岁的时候是什么样子了；再加上现在社会发展得这么快，我们现在生活里习以为常的东西，在他们上学的时候根本不存在，所以他们也真的很难完全理解现在的我们到底在经历什么，到底在想什么。

“代沟”是客观存在的，就是它在我们和自己的父母之间捣乱，搞得我们没办法好好相处。

所以，要想找到一个和我们的父母更好的相处方式，我们先要解决掉“代沟”这个问题。那消除“代沟”的最好方式，就是通过沟通来实现我们和父母之间的互相理解。

作为子女，我们首先得能勇敢地表达自己的真实想法，为自己争取应有的自由。

像刚才说的，我们的父母当然是生活经验比较丰富的，但是他们在“紧跟时代潮流”这方面就会稍差一些了，对于有些事情他们实在是帮不上忙。但通常情况下，他们自己很难意识到这一点，所以就容易抱着自己的想法来指挥我们的生活。

这个时候，我们如果希望“老古板”的他们读懂我们的心思，恐怕是不太可能的。所以，与其让对方“猜”，我们不如和父母坦诚地交流，告诉他们我们内心真实的想法。

如果我们把想法憋在心里，只是一味地和父母对着干，那他们很可能根本不知道发生了什么，只能把我们当作“无理取闹的叛逆小青年”，也就不会愿意给我们自由的空间。

相反，如果我们能够主动一点儿，多和父母沟通，说些心里话，就可以努力让他们理解我们的真实想法。这样做或许不能每件事情都遂心，不过一般情况下我们的爸妈也不是不讲理的人。如果能用这种和平的方式为自己多争取一些利益，不是很好吗？

而且，我们和父母之间一旦能够相互理解，爸爸妈妈也会慢慢能够更好地从我们的角度考虑问题。一来二去的，我们自然会磨合出一种最好的相处方式。

当然，咱们自己再有主意，父母的意见还是必须要认真思考的，毕竟他们比我们年长，经历了更多的事情，见过更多的人。

所以，当我们和爸妈意见有分歧的时候，我们希望他们倾听我们说话，那我们也要先学会认真听他们的想法。如果他们说得确实有道理，那我们不妨冷静地重新审视一下自己的选择，是不是有之前没有考虑周全的地方？那我们是不是要根据父母的建议，做一些调整？

到这里大家就可以明白，其实我们和父母之间是完全可以好好沟通、互相倾听、互相理解的。即便是我们的父母在某件事情上真的说得不对，那么大家也要学会和他们商量行事，不要一意孤行。

在沟通的方式上，我还有一个小建议：就是不要在双方处在气头上时沟通。如果已经和爸妈起了冲突，两方都特别愤怒的时候，就先不要争了，最好大家都先冷静思考一下，再回来讨论，不然，可能会讲出伤害彼此的话，激化矛盾。

有时候我们和父母刚吵完架，是不是会出现那种“冷战”的场面呢？这种时候就谁也不理谁，整个家里气氛特别尴尬。

我们家有一个打破“冷战”的好方法，就是写信。当时智能手机还不这么普及，所以我们还是采用用纸笔写信的方式，谁先冷静下来，想明白了，就给对方写一封信，可以道个歉，也可以再表达一下自己的想法，有所坚持，也有所妥协。

我们之间的信有时候是很简短的几句话，但是往往有奇效。我的绝招，就是在信里动之以情、晓之以理，细细地说明这件事情的原委和可能带来的影响，充分向老爸老妈显示出我已经进行了全方位的考虑，然后再动情地述说这对我来说是如何如何重要，我如何如何希望能够得到他们的允许……

这是一种智慧的“迂回战术”：父母读到这样一封信，不管他们会不会马上同意我们的要求，最起码“冷战”是结束了，我们之间交流的窗口再次打开，大家就可以平静有效地沟通了。

所以说，遇到父母不同意的事情，我们最聪明的办法就是等他们不着急上火了，再慢慢说、慢慢磨，相信只要不是太过分的事情，都是能得到他们的理解的！

其实，我们和爸妈产生冲突的根源，无非是我们觉得自己已经长大了，可以为自己做决定了，而父母却不放心我们，希望我们按照他们的意愿去做事。仔细想想便会理解，他们这么做背后其实是一片苦心，是为了保护我们：他们希望能用自己的经验，帮我们少走点弯路，少受点苦。

有了这份理解，具体到我们的行动上，便是要善于用彼此都能够接受的方式进行交流，并且在倾听与表达的基础上，认真思考我们的每一个决定、每一个选择，对自己的行为负起责任来，毕竟我们既然希望大人把我们当作一个成年人看，自己得先学会像一个成年人一样思考和做事情，变得更加成熟、理性。当我们真的成长了，父母看到我们深思熟虑、考虑周到的选择，首先是会感到欣慰的吧，慢慢地自然也会更愿意放手，给我们更多的信任和自由，我们与父母的关系也会越来越融洽。你看，这不是皆大欢喜吗？

好，说了很多，我们来总结一下这章的内容：在和父母相处的时候，大家可以多多和父母用心地沟通和交流，帮助父母理解我们真正的需要，也帮助我们更好地理解他们。只有我们互相理解了，才更有可能用和平的方式解决问题；只有我们用一种成熟的姿态向父母表达自己，并学会为自己的选择负责任，爸妈才会真正看到我们的成长，慢慢把我们当作成年人来看待，才会真正给我们更多自主权。

这个为自己争取自由的方法，可比跟他们吵架要有效得多哟！

“摆脱”唠叨——用行动证明成长

一而再，再而三地唠叨自然会让人不胜其烦，但是无论何时我们都要铭记：关心，才会不放心；不放心，才会唠叨。

和父母的朝夕相处中，让人最难以忍受，又几乎没办法逃避的，想必是无时不萦绕在耳边的各种唠叨：“臭小子不要玩游戏了，去看会儿书不行吗？整天就让老妈操心啊！”“死丫头不要再上网啦，眼睛都看坏了，眼镜很贵的知道不？”“小屁孩儿烫什么头发啊，对发质伤害多大啊，以后不要跟妈哭着说我不管你！”“不要看闲书啦，看那有用吗？作业写完了没有啊？”……这些唠叨似乎永无止境，让人头昏脑涨。可是面对摆出一副理直气壮、要“代表月亮惩罚你”的架势的老爸老妈，实在又奈何他们不得。

这躲不掉、逃不开的唠叨，可让人如何是好？我“摆脱”唠叨的妙方，就是用行动向父母证明自己的成长。

其实，唠叨的源头是不放心，而爸爸妈妈最不放心我们的，不外乎两个方面：第一是能否打理好自己的生活，第二是能否管理好自己的学习。如果我们能够从这两个方面尽量做到最好，用行动告诉他们：嘿，你们瞧，这些你们不放心的我都明白，也都能做到。这样一来，老爸老妈自然会放下心里的那块大石头，唠叨也会少许多。

在打理好自己的生活方面呢，我是从生活条理和身体健康两个角度入手的，换句话说，我努力在没有父母帮助的情况下，让自己的生活井井有条，积极健康。

这其实体现在很多小事情上：自己的内衣裤、袜子自己洗，衣服也及时自己换洗，保持良好的个人卫生；收拾好自己的房间，给自己一个干净整洁的生活环境；早睡早起，三餐保质保量，自己安排规律的作息，让身体得到最充足的营养和最好的休息；给自己安排充足的锻炼时间，拥有一个强健的体魄；用电脑有节制，懂得保护自己的颈椎和眼睛；天冷了及时给自己加衣服，不会“为了风度丢了温度”……这些细节，其实是爸爸妈妈最不放心，也最爱唠叨我们的地方。它们乍看上去很简单就能完成，但是要真的每个都做到做好，并一直坚持下去，并不容易呢。

我呢，为了尽可能地“摆脱”爸爸妈妈的唠叨，尽了我最大的努力去把这些事情做好。虽然没能全部做到完美、做到极致，比如有时候屋子还是会因疏于整理而略显凌乱，有时候会因为赶学习任务熬到半夜才能睡觉，偶尔因为贪玩考砸几次……但是，我的努力、我的进步，让他们看到了我的成长，看到我能够独立了，能够自己打理生活了。这样一来，爸爸妈妈就觉得非常欣慰，不再反复提醒、多次叮咛了。爸爸妈妈省了心，我也不用再成天听那些千篇一律的唠叨了，彼此的生活不是都轻松了不少吗？

除了生活，爸爸妈妈唠叨得最多的，应该还是我们的学习。

学习无疑是苦差事，相比玩游戏、上网、看电视、和朋友聊天、逛街轧马路……趣味性实在差远了。正因为如此，我们学习时要面临很多来自四面八方的诱惑，能否抵制住这些诱惑搞好学习，是让父母最为担心的一点。这样的唠叨，其实也不难摆脱，其中的关键就在于，我们是否真的能平衡好学习和娱乐的关系，并且考出好的成绩来向他们证明，我们知道为自己的未来负责。

我是个爱玩的孩子，喜欢和哥们儿、姐们儿唱歌、打台球，喜欢看韩剧、美剧，喜欢逛街、网购，总是不能一门心思扑在学习上。但是即使如此，爸爸妈妈并没有在学习方面太唠叨我，主要是因为无论怎么玩怎么折腾，我的学习成绩都没有受到什么影响，让他们非常放心。这是因为，我能调整好学习与玩乐的关系，该玩的时候无拘无束，而该收心开始学习的时候，我又能静下心来，不为外物所扰乱。通过合理的时间分配，取得不错的学习成绩，爸爸妈妈相信我已经不是那个只知道疯玩的小丫头了，可以有效地自控了。

当老爸老妈懂得，他们不需要跟我们反复强调学习的重要性、强调玩物丧志等大道理，因为我们已经明白了努力的意义，明白了要对自己的未来负责的时候，他们也自然会放心，然后放手，让我们自己处理学习与娱乐，自己安排玩和学的时间。爸爸妈妈省得操心，我们省得烦心，岂不是一举两得吗？

其实，仔细想想，耳畔时常萦绕着爸爸妈妈的唠叨，也是一种不可多得的幸福，因为那正是他们爱我们的表现。“记得多喝水了吗？”“考试忙，这几天顾上吃早饭了吗？早睡觉了吗？”“天气冷了，加衣服了吗？”“生病吃药了吗？”这些都会是多年以后，父母爱我们的最具体的记忆。

爸爸妈妈深知总有一天我们都会长大，像离巢的鸟儿般离开他们的怀抱，失去他们无微不至的照顾和庇护。他们不能陪伴我们一辈子，所以他们希望通过这种反复强调、叮咛嘱咐的方式，告诉我们怎样照顾好自己，拥有健康的生活，追求幸福的人生。

一而再，再而三地唠叨自然会让人不胜其烦，但是无论何时我们都要铭记：关心，才会不放心；不放心，才会唠叨。面对这样的唠叨，我们可以通过行动证明自己有照顾好自己的能力，减少爸爸妈妈的担心，尽量“摆脱”唠叨；但是，正是因为爸爸妈妈对我们的爱是没有界限的，关心也是没有界限的，所以永远也不可能让他们的唠叨销声匿迹。这时，我们便要学会珍惜这声声的叮咛嘱咐，因为每一句唠叨背后，都是父母对孩子最深沉的爱。

子欲养，趁亲还在

我们要是能更早意识到爸爸妈妈对我们的爱是独一无二、无可取代的，早点开始珍惜他们，努力疼爱他们、孝顺他们，不是再好不过吗？

爸爸妈妈是这个世界上最爱我们的人，相信这个道理所有人都懂得。我呢，也一直都明白“父爱如山，母爱如水”的道理，在写作文时，也习惯了大唱老爸老妈的赞歌，赢得老师的感动。但是，真正到了生活中，面对我的父母，却总是将他们的爱视作理所应当，不自觉地任性蛮横、无理取闹。比如，在学习上遇到了问题，我会继续对同学和颜悦色，回到家却很容易迁怒于老爸老妈，甚至和他们大吵一架。

这是因为，在父母面前，我们可以真正地卸下伪装，放松、放肆地做本真的自己，有委屈就讲，有眼泪就流，有脾气就发泄出来。这些本无可厚非，如果在家里我们还要伪装自己的情绪，戴着面具，那做人不是太累了？但是如果我们能够更多地体会到父母对我们的爱，便可以更好地体谅他们，理解他们看似不讲理的背后，一片良苦的用心。

高考完后的暑假，我一时兴起，进入从来没有访问过的老妈的微博转了转，没想到竟然收获了满满一箩筐的感动。看着我高三这一年妈妈的心路历程，才知道，在我因为学习压力焦头烂额的日子里，爸爸妈妈表面上虽然不动声色，私底下却可真是操碎了心。

总复习的时候，我每天大把时间都花在学习上，从学校回家就钻进书房，除了埋头学习只有一些简单的放松娱乐，整个人总是处于紧绷的状态。不知道从什么时候开始，老爸老妈每天晚上吃完饭，都会在家里转呼啦圈，两个人你转一会儿我转一会儿，玩得不亦乐乎。对于这项省时又有趣的小活动，我也时常参与进去舒活舒活筋骨，还经常因为他们滑稽的动作而捧腹大笑。虽然这“呼啦圈时间”只有短短的十几分钟，甚至几分钟，我却能暂时卸下学业的包袱，啥也不想，放声大笑，享受放松和快乐。

要不是这次读了老妈的文章，我恐怕永远也不会知道，这看似无心的“呼啦圈时间”其实是爸爸妈妈费尽心思设的一个“局”！他们看到我整天都泡在书堆里一副奋不顾身、视死如归的样子，心疼极了，也非常担心，可是他们又了解我的倔脾气，在事情没做完时，我是不会答应出去活动活动，或者用大把的时间来休息的。于是爸爸妈妈思前想后，终于想到了这个“呼啦圈放松法”。他们特意去买了特别难驾驭的软性呼啦圈，每天都假装玩得很高兴，时不时发出爽朗的笑声，为的就是“引诱”我走出书房，挑战这个高难度项目。为了让整天玩命学习的我能放松放松，暂时抛开压力，休息一下，他们真可谓用心良苦。

又读到老妈在我高考报志愿时写的文章，才知道，当我在各个学校之间纠结时，爸爸妈妈为减轻我的负担做的努力。虽然每次讨论志愿的时候，爸爸妈妈都心平气和地和我娓娓道来每个学校的优势、劣势，好似非常轻松便将它们的底细都打探清楚了，但其实，我哪儿知道，当我在学校的空调房里安安心心埋头读书的时候，爸爸妈妈顶着初夏的烈日，走访了多少所高校，参加了多少场咨询会，收集了多少份资料，才终于为我划定了适合选择的范围呢？要不是看了妈妈的文章，估计我永远不能体会他们的辛苦。

一篇一篇地读完妈妈的日志，我的心里暖融融的。再想想自己这么多年，虽说还算个乖巧的孩子，没有给爸爸妈妈惹什么麻烦，但是在体谅爸爸妈妈的良苦用心、感恩他们的无私关爱这方面，真的做得还不够。我更多的是在向他们索取，却较少用实际行动回报他们的养育之恩。

正在苦恼怎么表达我的感恩之情时，这不，机会来了，我迎来了上大学之后的第一个母亲节。对于每天为家事操劳的妈妈，我想，一顿丰盛的晚餐一定是最好的礼物。

那是个星期日，恰逢妈妈白天有事外出，给了我充分的施展空间。中午刚过，我就伙同老爸，到超市精挑细选了几样菜：茄子、莴笋、洋葱、西红柿。接着我就在心里盘算该怎么利用这几样食材，后来决定做一个凉拌莴笋、一个洋葱茄子炒肉，加一个经典的西红柿炒鸡蛋。因为平时一有空我就会给妈妈帮厨，切一切、炒一炒什么的，所以对于做菜的路数也不完全陌生。一回到家，我就赶紧叮叮当当开始折腾了，洗菜、解冻肉、切菜、准备葱姜蒜……自己当了“大厨”才知道，要做的零七八碎的事情怎么那么多呢？我一下子有点乱了阵脚，不知道该先干什么再干什么，东一榔头西一棒子的，西红柿切了一半就跑去剥蒜，莴笋料还没放完忽然想起肉还在微波炉里……一个人在厨房独当一面才发现，做菜不仅是一门技术，也是一种智慧，怎样在短时间内安排好林林总总的事情还真的不容易，让我想到小学奥数的最优化问题。

多亏有老爸在旁协助和提醒，我总算把一盘盘菜端上了桌。其中当然绕了不少弯路，比如调制凉拌莴笋的酱我费了九牛二虎之力，因为不知道什么料该放多少，只能放一点儿、尝一口；也犯了不少错误，比如炒菜时酱油咕嘟一下子倒了好多，整道菜瞬间分辨不清哪些是肉、哪些是茄子、哪些是洋葱了，只能看出黑乎乎的一团，我连盐都没敢放，但整道菜还是咸得够呛。

就在我捧着最后一道菜往桌子上放时，妈妈回来了。闻到扑鼻的饭香，看到桌上的饭菜，惊喜的笑容绽开在她脸上。她三步并作两步，迫不及待地拥抱了我和爸爸，然后便享受起了皇太后般的高级待遇，坐下一脸幸福地等待我们摆好碗筷，开始吃饭。头一次尝到我独立完成的饭菜，老爸老妈都赞不绝口，也不知道是真的好吃，还是怕打击到我的话以后老妈就吃不上我做的菜了，所以添油加醋，说得我这个深知自己水平的业余“大厨”都不好意思了。那顿饭我们一家三口吃得有说有笑，欢乐极了，每个人都感受到了家带给我们的幸福和温暖。这个特殊的母亲节，也一定会成为我们的家庭记忆中最温馨难忘的片段之一。

小时候的我只懂享受父母给自己的宠爱，但是随着年龄的增长，我渐渐明白，感激父母的恩情，是每个人都应该也值得去做的。记得姥姥和姥爷先后去世之后，妈妈哭得伤心极了，一直喃喃自语：“这个世界上再没有人这样疼我了……”我在旁边安慰她说：“没事，有我和爸爸呢！”妈妈却摇摇头，告诉我，那不一样。起初我不懂，我和爸爸都很爱妈妈，怎么不一样？但是在某一刻我顿悟了，因为这个世界上真的没有第三个人，会像爸爸妈妈那样疼爱我，无条件地接纳我的一切，只知付出，不求任何回报。

“子欲养，而亲不待。”对现在的我们来说这句话似乎还遥不可及，但是我们要是能更早意识到爸爸妈妈对我们的爱是独一无二、无可取代的，早点开始珍惜他们，努力敬爱他们、孝顺他们，不是再好不过吗？

有些东西失去后还可以再争取回来，但是爸爸妈妈总有一天会永远离开我们，到那时再学会珍惜，再懂得感恩，真的是连后悔都来不及了。或许我们不一定要在重大的节日做出多大的表示，只要在平时多关心、多体谅他们，多为他们分担力所能及的家务事，多担当起家庭的责任，照顾好自己不让他们担忧牵挂，多从他们的唠叨中体味出爱，而不是不耐烦，这就是最大的孝道。

告别依赖，走向独立

我们都渴望着长大，而长大又岂止是拥有高大健硕的身体、画着彩妆的脸庞那样简单直接？长大需要勇气，去面对脱离父母之后的挑战；长大需要能力，去为自己打拼出生存的空间；长大更需要担当，需要作为一个成年人，对自己的行为负责……

成长中的我们总有一天要离开家，就像雏鸟总要自己飞翔。而离开父母的怀抱，独自在外面的世界闯荡，的确不是一件容易的事情。这就要求我们逐渐培养独立性，不再一味地依赖父母的关怀。

真正意识到“独立”的含义，是初三的暑假，我参加了一个为期一个月的英国游学夏令营。离开之前，我信心满满，坚信自己能够很好地处理即将面对的所有问题，拍着胸脯请父母不必担心。

谁知，刚刚从伦敦机场出来，状况就发生了：在等待取行李时，我在征求了领队的同意后，独自按照指示牌去找洗手间。在一个个清晰的箭头指引下，我通过了一些关卡，七拐八拐地总算找对了地方。但是当我要返回寻找组织时，竟然被拦在了外面，说是已经出关了，不能够再进去。可是我的老师同学们都还在里面！这可怎么办？只能去找这里的负责人员。万幸的是，负责人是位华人，听懂我的解释后便通过安检进去帮我找人，而我只能在出口焦急地等待。还好，不一会儿，老师同学们就都出来了，我满怀歉意地接过行李，加入了大部队。

这还不算惊险的，最令人后怕的经历，莫过于“半夜迷路事件”。那天是我的生日，大家在学校举行了一个小型派对，我们住在一起的三个女孩子开始返回寄宿家庭时已经十点多了。虽然已经是在当地的第三天，可是尚未熟悉这里公共交通的我们还是迷了路，在一个陌生的公共汽车站不知所措。晚上的街道冷冷清清，一个行人都没有，只有昏黄的路灯照着湿漉漉的马路和路旁古老的房屋。我们三个人真的吓坏了，掏出手机给寄宿家庭打电话，女主人却由于我们无法辨认所处的具体位置而没办法来接我们，而领队的老师也是束手无策。情急之下，我打了报警电话 999，也没有得到帮助……在这样冷清的街道上，只有我们三个手无缚鸡之力的女孩子，要是有坏人……越想越害怕，三个人哭了起来。泪眼蒙眬中，我们看到一辆警车刚好停在路中间等红灯，我像抓住了一根救命稻草，不管不顾地跑到了路上，拦住警车，磕磕巴巴地告诉警察我们迷路了，并给了他寄宿家庭的地址。警察点了点头招呼我们上车，然后一路鸣着警笛将我们送回了家。

那次在英国，类似的让人或尴尬或头疼的事情还发生了不少，一会儿要自己搭乘错综复杂的地铁到城中心购物，险些坐错了车；一会儿满怀期待地到了“伦敦眼”，却因为年龄不够无法坐上我仰慕已久的摩天轮，不厌其烦地与工作人员交涉后也没能如愿；一会儿又在街上丢了钱包，一下子断了“口粮”……许多考虑之外的麻烦接踵而至，逼得我不断开动脑筋，解决一个又一个棘手的问题。

平安地回到祖国大地，回到家里，我不禁松了一口气。被扔到遥远而又陌生的地方生活，没有了父母的呵护，才真真正正地明白了，独自生活并不是想象中那样轻松自在，需要面对的是很多意想不到的问题。原来父母讲的“生活的艰辛”并不是吓唬人！

虽然辛苦，但是在英国的那段时间也极好地培养了我的独立性，让我在面对问题时开动脑筋，随机应变，靠自己的力量化解危机，而不是等待别人来解决问题。这些经历让我增强了独自生活的能力，也增强了担当重任的信心。瞧，我在外面丢了水瓶、丢了钱包、丢了墨镜，险些连自己都丢了，但最终不还是渡过了难关吗？

安逸舒适的生活是令人满足的，但是如果习惯了躲在父母建筑的“象牙塔”里，过着衣来伸手，饭来张口的日子，有朝一日需要我们冲上一线打拼时，怎么能够快速地适应这个错综复杂的社会，找到自己的立足之地呢？

所以我们应该及早开始勇敢地打磨自己，寻找锻炼独立性的机会。不一定要独自到遥远的异乡旅行，学会自己处理身边的事情，也是走向独立的第一步。比如自己洗衣服，自己购置需要的物品，自己收拾房间；比如关心家里的大小事，认真思考后给出自己的见解，加入重大事务的讨论，尝试着为这个家多做一些贡献；比如在学校参加一次班长的竞选，培养自己统筹全局、协调各方的能力，处理好人际关系；再比如管理好自己的收支，看好自己的东西，不再胡乱花钱、乱放东西……

我们都渴望着长大，而长大又岂止是拥有高大健硕的身体、画着彩妆的脸庞那样简单直接？长大需要勇气，去面对脱离父母之后的挑战；长大需要能力，去为自己打拼出生存的空间；长大更需要担当，需要作为一个成年人，对自己的行为负责……

告别依赖，走向独立，是我们在成长路上必须要过的坎儿。只有做到这一点，才可以骄傲地告诉世界：“我已经长大了！”

03

TONGWANG LUOMA DE LU QIAN WAN TIAO

生活

体验中的成长才快乐

爱拼才会赢

所有的幻想都是毫无意义的，与其偷偷盘算着自己是不是差不多能够做到，不如现在就开始着手去做、去拼、去争取。在这个靠实力说话的战场上，谁偷懒，谁就注定要输；而谁拼命，谁才可能会赢。

很长时间以来，我都铁了心认为自己是一个求平稳想安逸、不爱冲也不爱闯的“乖乖女”，是芸芸众生中一个最普通不过的人。所以面对生活中很多需要冲到最前面的机会，我通常犹犹豫豫，觉得：唉，反正我就那么点水平，努力了估计也争取不到，不如就算了吧。于是任由懒惰的本性无限扩大。人啊，就是吃了一堑才能长一智，我现在才明白：不是所有努力都有回报，这话不假，可是如果连努力都不努力，那么除了失败，还能有什么别的结果？

高三第一个学期的后半段，各个学校的自主招生报名陆续开始了，我凭着上高二以来一点儿一点儿进步的小成绩，幸运地获得了中国人民大学和北京大学的自主招生笔试资格。然而，俗话说，“骄傲使人落后”，我便不幸中了这个招。或许是因为期末考试成绩出人意料的好，加上竟然通过了北大的自主推荐，我便晕晕乎乎、飘飘欲仙，还以为自己已经“功德圆满”了，半只脚已经跨入名校了。于是在接下来的寒假，当其他同学上课、做题，为自主招生而奋斗时，我却以逸待劳，悠闲起来。那时，我满心想着：这笔试能有多难呢，不用太费心去准备，我应该也是差不多能通过的吧！

谁知道，想着“差不多”，结果还真的就“差了一点儿”——我在“北约”和“华约”的考试中，均以 2 分之差与人大和北大的面试资格失之交臂。这一下，捶胸顿足，痛哭流涕，却悔之晚矣。看着身边同样参加自主招生的同学乐呵呵地交流着获得了多少分的加分，小萌说：“哎呀，我只拿到了清华的 15 分加分，和没有一样的啦……”小晴赶忙安慰她：“没事啦，我才 10 分，都差不多的……”小羊说：“你们都好厉害，我只拿到了南京大学的 30 分……”我听着这些对话，心里真是说不出的难受啊，真是恨不得穿上隐形斗篷，从欢乐的众生面前彻底消失。

可是难过归难过，逃避是毫无意义的，现实虽然残酷，但必须面对。这都是我自己懒惰所造成的恶果啊，一点儿也怪不得别人！这一次失利就像一记响锤，一下子就敲碎了我“自我满足”

的好梦，让我清醒地认识到，所有的幻想都是毫无意义的，与其偷偷盘算着自己是不是差不多能够做到，不如现在就开始着手去做、去拼、去争取。在这个靠实力说话的战场上，谁偷懒，谁就注定要输；而谁拼命，谁才可能会赢。

知耻而后勇。我擦干了眼泪，一个猛子扎入新一阶段的学习，暗下决心：自主招生丢掉的分数，我靠裸分挣回来！

有了这样的一股子拼劲，我整个人的状态都焕然一新。上课的时候，我不再漫不经心了；完成作业的时候，也改掉了马虎潦草的臭毛病；以前，一到课间休息，就和同学凑在一起聊毫无意义的八卦，现在也不聊了。我全身心地投入学习中，感觉每天浑身都有用不完的劲儿。于是，在一些自主招生获得加分的同学，以为自己已经进了“保险箱”而消极怠工，没有以前努力了的时候，我却加足了马力，大有“头悬梁，锥刺股”的风范，在高三的最后一个学期，冲在了前面。

一波刚平一波又起，在报志愿之前，我又陷入了痛苦之中：是求稳妥报考中国人民大学，还是拼一把报考北京大学？

从小到大，北大都是我理想中的大学，她悠久的历史、优异的学术氛围和宁静的校园我已经觊觎了太多年。然而，现实就是，我的成绩还没有出色到可以稳稳地迈进北大的校门，如果报考，会有落榜的危险，那结果就坏得很了。而人大呢，也是一所优秀的大学，但是于我却没有那么深刻的意义。

爸爸试图用一系列数字来说服我报考北大，他对我极高的期望我当然是知道的，但是，这份期待也让我感到了无比巨大的压力，因为风险依然存在啊！我还是犹犹豫豫，怎么也下不了决心。

最后使我下定决心的，是妈妈的一个小小的心理测试：她让我在脑海中为人大和北大各选择一幅代表性的图片，然后分别将它们在心里拉近、放大。在我的脑海里，北大未名湖畔，垂柳之间，波光粼粼的水面倒映出博雅塔挺拔的身姿，一幅图景清晰得如同就在眼前；而关于人大，却只有一些模糊而跳跃的画面。那一刻，我忽然就醒悟了：是北大！她已经住在我心里太久太久了，她就是我一直以来暗暗努力的梦想啊，燕园就是我这么多年心心念念希望进入的学习殿堂啊！没有继续犹豫，我在志愿表上填上了北大。我知道，这个选择具有太多不确定性，但是，我也下定了"拼命"的决心。

那天，我在网上发布了一条状态："不是孤注一掷，却依然要拼尽性命！"

报志愿之后的一个月，我是真的拼了。没有一日偷闲，没有一刻不抓紧。每个周日，在其他同学利用难得的休息时间大睡懒觉之时，我已经早早地赶到了北大的自习室，埋头开始制订这一天的学习计划。疲惫之时，心里始终有一个信念：这一次，我决定不遗余力，这一次，绝对不能给自己留下遗憾！我要坚持奔跑，冲过终点线！

高三最后一个阶段的拼搏，对我高考的理想发挥实在是至关重要。如果没有拼，我或许满足于停留在刚上高三时的十几名，或许在最后的日子里依然过得有声有色，最后却只能进入一所普通的大学。

现在回头来看那段拼搏的日子，连我都很佩服那时的自己，怎么就有那么多的劲儿呢！那时老师为了激励我们，对我们谆谆教诲的是“坚持＋激情”。其实我觉得这四个字概括起来，无非就是一个“拼”字。

因此，与其无所事事地估计自己能够走多远，不如坐下来，定下你的目标，为了它去拼搏。

爱因斯坦说：“当你为自己本身之外的事情而活，就是找到了人生的真谛。”他道出了“追求”的意义，而追求的过程，本身就是拼搏的过程啊。

不要吝惜你的汗水，在年轻的时候，去拼吧！拼了，我不后悔；拼了，我的人生，我做主！

找到自己的“绿丝带”

与其挖空心思，花大把的时间购置新潮的服饰，打理时尚的发型，不如静下心来读一本书，充实自己的内在世界，培养真正的自信，获得举手投足之间的优雅。

有一个动人的小故事叫《绿丝带》：有一个羞涩的小女孩，总是觉得自己很普通、不够美，淹没在人群里根本没有人会注意，因此常常感到自卑、失落。有一天，她买了一条亮丽的绿丝带，希望这小饰品能让自己变得引人注目。系上丝带之后，女孩感觉整个人都容光焕发，美极了，所以她开始自信地抬起头、微笑，竟然赢得了她暗恋的男孩的青睐。而此时她却惊讶地发现，绿丝带其实掉落在商店里了，她根本没有系着。

多有意思的小故事。其实，谁说不是呢，装点一个人的最美的“绿丝带”，不就是我们自信的笑容吗？

高三上学期，我有幸获得了香港大学的校长推荐名额，即将参加纯英文的面试。高考竞争那样激烈，获得推荐固然是不可多得的好机会，但是一听需要面试，还是纯英文的，连考官都是金发碧眼的外国人，我就深深感觉自己能力有限啊！再加上面试中还有一个“圆桌讨论”环节，这可是需要当场竞争、抢话的啊，平时谦虚低调、从来不和人争辩的我，就真是一个头两个大。我开始不断地怀疑自己的英语口语是不是太烂了，到时候一紧张，连话都不敢开口说了可怎么办？那样的话岂不是要直接出局了呀？我越想越紧张，心里那个懦弱的小人儿占了上风，诱惑着我打退堂鼓。

但是，或许我骨子里还是要强的吧。转念一想：唉，反正面试总是要去参加的，总不能直接弃权吧？平心而论，我的英语水平和周围的同学比，绝对不差嘛！我只要在面试时敢想、敢说，通过面试会有那么困难吗？于是，我拼命地给自己鼓劲，暗暗说着：你很棒，勇敢大胆地去说！这样给自己积极的心理暗示，我慢慢自信了起来，心里也安定了许多。

到了面试的那天，周围的同学来自各所学校，每个人都是学习上的佼佼者，一看就很厉害呀！我又有些心慌了。但是，事已至此，怕也没有用，何不相信自己，放手一搏？我一咬牙，一闭眼，豁出去了，使劲说吧，不怕丢人！就跟跑八百米似的，眼一闭一睁就过去了，反正不会死！

于是，我调整一下心情，充满自信、面带笑容地走进面试场地。没想到，在这场面试中，我竟然表现得出奇的好。我和同学们相互配合，充分地表达了自己的观点，没有沉默或者慌乱，一切都显得自信而又从容。在接下来的笔试中，我也一直叨叨着“相信自己，相信自己”，全力以赴地完成了试题，交上了答卷。

一段时间之后，考查结果出来了：我顺利通过重重考验，获得了香港大学20分的加分！这无疑是一个让人喜出望外的结果，也就意味着要进入港大这所世界闻名的大学，我有了极大的优势，有了比其他同学更多的机会！这可是我相信自己，勇敢地展现自己的水平所换来的满意结局，也使我更加相信，只有充满自信地面对生活，才可以抓住稍纵即逝的机会，走向成功。

其实，参加面试就像推销员在推销自己：面对那么多优秀的竞争者，学校凭什么要选你呢？你所具有的独特品质是什么？在当代社会竞争如此激烈的情况下，如果连自己都不相信自己能够胜任，思前想后犹豫不决，那么又有谁能够相信我们，放心地选择我们，让我们担当重任呢？现在学业上的竞争是如此，而以后走进社会，在工作机会上的竞争只怕更是如此，更需要我们怀着自信心，勇敢地展示自己的优秀之处，才能把自己推销给最好的“买家”吧！

当然，自信并不是自负，也就是说自信心要建立在具有真才实学的基础之上，而不是夸夸其谈，空讲自己子虚乌有的能力。换言之，要想获得真正持久的、由内而外的自信，首先得有过硬的能力，有经得住时间与困难考验的真才实学。

没有学问的人，挺着啤酒肚踱来踱去，也会露出好似“自信”的笑容，只是那样的自信源自满足了的虚荣心，并不持久，也不真实；而一些满腹诗书的人，步履从容、笑容谦卑，却由内而外散发着一种儒雅的气质、悠然的自信，不需要太多修饰，令人肃然起敬。

因此，真正的自信不是表现出来的，而是一种装不出来的优秀品质，只有真正有内涵的人才可以拥有。所以，我们与其挖空心思，花大把的时间购置新潮的服饰，打理时尚的发型，不如静下心来读一本书，充实自己的内在世界，培养真正的自信，获得举手投足之间的优雅。到那时，就会发现，其实无须外物的装点，心灵的美会给你动人的微笑，使你成为喧哗的人潮中独特的最耀眼的存在。

拥有自信，“你本来就很美”。相信自己，相信 You are the best of the best ![①]

---

① 意为“你就是最棒的”。

关心他人，成就自己

一旦体验过用自己的努力给他人带来轻松快乐时那种自豪满足的感觉，便会懂得，付出比索取更幸福。

马克思主义哲学的联系观讲：世界是普遍联系的。我们每个人都和身边的无数人有着千丝万缕的联系，每个人的快乐不仅仅取决于自身价值的实现，也源于对他人的帮助与给予。说白了就是，“大家好才是真的好”。“授人玫瑰，手有余香”可不仅仅是思想品德书上的死板教条，几次义工工作让我真真切切地体会到，他人的微笑原来可以带给我这么多的幸福感。

那是高一时，我路过图书馆，看到门口挂着的“连心社”组织的到敬老院做义工的巨幅海报。这一瞥不要紧，海报上面饱经风霜的老人愁苦孤独的脸，深深打动了我，心里涌动着一股不知道是什么的情绪。我报了名，在周六和同学们赶到了敬老院。

以前通过杂志或者电视，多少听说过现在敬老院的状况，脑海中描绘出的是干净整洁的小院子、宽敞明亮的房间、耐心的服务人员和安享晚年的老人们。但是第一次迈进敬老院，我便不禁皱起了眉头，判断这里为我无论如何不愿久留的地方——潮湿的空气中弥漫着一股尿臊味，身着白大褂的工作人员面无表情，大厅的灯光昏暗，老爷爷、老奶奶要么坐着，要么拄着拐杖缓缓地走动。空气是浑浊而且凝固的，也听不见什么欢声笑语。

我们一行丫头片子和毛头小子，没有几个人有做义工的经验，忽然感觉自己站在那里很多余，直愣愣地戳着，一时间不知道该怎么做好。带队的高年级队长赶紧招呼我们集合，为爷爷奶奶表演准备好了的小节目。几首歌唱完，老人们的脸上似乎浮现出了笑容，有的奶奶还跟着我们小声地唱着。看到气氛终于轻松了些，我们都松了一口气。

接下来，我们分成小组陪老人们聊天。我和一个同学坐在一个精神不错的老奶奶身边，询问一些家长里短的事情，谈得很开心，后来聊得高兴了，我们三个人竟然不顾形象地唱起歌、跳起舞来。虽然唱唱跳跳不是我的专长，但是也顾不得那么多了。看到老人拍着手左摇右晃，脸上的笑容像花儿一样，皱纹都笑开了，我的心里也是暖的。平时面对老者，我总是不知道该怎么和他们交流，这次呢，竟然发现，其实陪老人聊天很简单，只要耐心听他们讲话，然后热情地回应，老人们就会特别开心。原来带给别人快乐，自己也会感到不小的自豪与幸福呢！这种感觉妙不可言，是什么娱乐活动都不能给予的。

聊了一会儿，我想到敬老院里四处转转，看看有没有什么需要帮助的。我在楼道里走着，听到同学熟悉的声音从一个房间里传出来。我进去一看，心里咯噔一下，喉咙像被什么哽住了。一位白发苍苍的老奶奶，看起来年纪很大了，坐在简陋的坐便器上，目光呆滞地望着门的方向，像是在等待着什么。同学在一旁陪着老人说话，只是老奶奶似乎并没有什么反应，一直那样定定地看着我们。我的心里一阵难受，不禁责怪年轻的子女，怎么可以让老妈妈在这样昏暗的地方孤独地度过晚年呢？我轻轻地坐在床边，和同学一起陪着老奶奶，和她说话，希望能让她眼里的悲伤少一些。

时间过得很快，我们要离开了。就在我起身的时候，一直坐着没有什么动作的奶奶，竟然一把抓住了我的手，死死地不松开。毫无预兆地，我的眼泪哗的一下就流了下来。看着老奶奶的脸，我只得不住地说："奶奶，我们下次再来，再来陪您……"奶奶松开了手，目送着我们退出房门。身边的同学轻轻地叹了一口气，眼泪也在眼眶里打转。

这次在敬老院的经历，无论什么时候回忆起来，都好像发生在昨天。一想到临走时老人攥紧的手，眼里朦胧的泪，我心里就像绞起来一样地疼。其实老人要求的并不多，不求什么奢华的衣食，只希望子女儿孙能够多花些时间陪陪他们，和他们说说话，哪怕只是静静地在身边坐上一会儿也好，这些都是莫大的安慰。只是现在的大多数子女都做不到这一点。从那以后，我鼓励爸爸妈妈多回老家看望姥姥姥爷和爷爷奶奶，多陪陪他们。

另一次做义工，我到了明园希望中学，陪那里的同学度过了温馨难忘的一个节日。和我们花园一般的校园形成鲜明对比的是，明园中学只有一栋教学楼，以及一个堆满沙土和杂物的小院子，只怕连“校园”也称不上。我们一行人借着头顶昏暗的灯光，通过吱吱呀呀的楼梯走上二层，走进他们的教室。地板是水泥的，桌椅都很简陋，椅子坐上去嘎吱嘎吱响，天花板也很低很矮，让人有一种压抑的感觉。同学们已经整整齐齐地坐好，等待我们的到来了，一张张淳朴的脸上带着羞涩的笑容。简短的介绍之后，我们开始了派对。

首先是我们几个表演节目，我表演了一个硬币小魔术。因为这个魔术是我临时抱佛脚跟同学学的，在班里演练的时候一不小心就会搞砸，所以上台时我紧张极了。不过我定了定神，还邀请了两位同学和我一起表演，最后没有掉链子，赢得了大家的掌声和喝彩。最后的一个环节是交换礼物。我和身边一个小姑娘互换了礼物，她还给了我一张小小的贺卡。

离开明园中学回到学校，学校盛大的派对也刚刚结束，同学们三三两两地走出来，谈论着绚丽的舞台效果和精彩的表演。我偷偷地笑了，因为虽然今天我参加的派对十分简陋，没有什么精彩可言，但是和明园中学的同学们分享的时光是那么特别，为他们带去的欢乐又是那样真诚而珍贵，即使错过了“一零一中学有史以来最棒的派对”，又有什么遗憾呢？

慢慢我明白了，虽然帮助别人并不是为了求得回报，但是一旦体验过用自己的努力给他人带来轻松快乐时那种自豪满足的感觉，便会懂得，付出比索取更幸福。因为他人因你而绽放的笑颜会如清流般抚平焦躁的情绪，带来平静的美好。

还需要什么呢？帮助他人最好的回报，不就是别人的微笑吗？

自己动手欢乐多

“小成本”并不意味着小付出、小情意，“大手笔”也未必就有真内涵，就像拍电影，重在其中要传达的惊喜与感动。

我不是很会做菜，也不太爱拾掇家里，值得我自我标榜为“贤惠”的却有一点，那就是超强的动手能力。

从小我就喜欢鼓捣各式各样的手工：废弃的材料，丢了吧，觉得好像还有点用，留着吧，平时又用不着，我便收集起来，做成精美的小物件；不穿的衣服布料却还完好，花色也很喜人，干脆剪剪缝缝自己改成“时装”；还喜欢将软陶泥捏成卡通人物的样子；喜欢给芭比娃娃做裙子穿……每一件小的手工艺品都凝聚着我的独家创意和辛勤劳动，或许做出来的成品不是样样精美，但是每做一个小作品的过程对我而言都欢乐极了。DIY[①]，是我充实生活的重要项目！

小学时，每个假期学校的作业里都有一项叫“五个一”，其中一个，一定是“自己动手制作一件手工作品”。那时，我们还太小，动手能力都还不强，要完成一件艺术品是非常费时费力的，很多小朋友便干脆将这个任务扔给了父母，自己到外面疯玩去了。但是我却对这项作业怀着极大的热忱，因为对我来说它就跟玩一样有意思，不对，本来就是玩。所以，每次手工作业我都特别认真地去做，作品常常被学校嘉奖。我最得意的手工作品，应该是那身红色的布制迷你小套装了：衣服的样式是可爱的开襟圆领长袖上衣，再配上一条裤子，小衣兜是用花布缝在上衣两侧的。整套小衣服没有毛边没有破洞，小小的针脚密密实实，看着有模有样的，着实让我骄傲了很久。

在做小衣服的日子里，每天都是充实的。因为心里总念叨着这项未完成的任务，在做活儿的时候感觉充满了希冀，就盼着完成的那天。一有空闲我就坐下来穿针引线，电视也不想看了，电脑也顾不上玩了，那架势，真的活像旧时代贤惠的小媳妇。

慢慢地我开始发现，做手工的意义不仅仅在于可以享受动手创造的过程，拿得出手的作品也可以是传情达意的好礼物。

有一年，爸爸妈妈的结婚纪念日就要到了，可是我苦苦思

① “Do It Yourself”的英文缩写，意思是“自己动手制作”。

素，也想不出该送什么样的礼物好。到底什么既可以表达我对爸爸妈妈的美好祝愿，又不至于落入俗套、显得诚意不够呢？苦思冥想之时我灵光一闪：不如自己动手，做一对小玩偶吧。首先浮现在我脑海里的是两只可爱的小兔子，眼睛是两个大大的桃心，一只兔子打着领带，另一只则别着蝴蝶结，它们手牵着手，恩恩爱爱、笑眯眯地看着我。嘿，这可真不错！

点子一有，我马上付诸行动。第一件事便是寻找最合适的布料。我翻箱倒柜找到了一条压箱底的灯芯绒裤子，已经老旧破损得不成样子，显然是不会有“重出江湖”的那天了，做了我的兔子身体应该不失为一个好的归宿吧！除了布料，还需要一些填充物，以前 DIY 小熊的时候有剩余的填充棉，我没舍得扔，果真派上了用场。接着，找好针线，我就开始动工了。我先按照想象在纸上画了兔子的头、身子、四肢等的模子，比在布料上剪下来，便开始缝制。

因为一切都是按自己的设想来的，所以经常会出岔子，不是耳朵小了，不像兔子而像熊了，就是胳膊细了，缝好后连棉花都塞不下。最窘迫的是，在马上完工之时，我发现一只兔子的侧面缝合不严实，已经裂开了一个小口子，棉花争先恐后地往外溢着……我花了几个小时的时间，全神贯注、心无旁骛、屏气凝神地创作。各种各样随时冒出来的难题，不时让我感觉头昏脑涨、不知所措。在我辛辛苦苦缝好兔子的四肢，翻转过来却发现棉花无法塞进去之时，真的有种想撂挑子不干了的冲动，一边愤恨地跺脚一边嘟囔："什么破兔子，一边去吧，烦死我了，我不伺候了，在网上买个现成的多省心省事！……"但是发泄完平静下来后，我还是拿起小兔子，一点儿一点儿地完成了它们。

两天后，爸妈的结婚纪念日到了。我捧着凝聚着心血的情侣兔送到爸爸妈妈面前，他俩的眼神告诉我，之前的辛苦都是值得的。虽然买到的礼物可能比我这份粗制滥造的"试验品"要精美得多，却不能代替我一针一线缝在礼物中的心意。

那以后，我爱上了自己动手为朋友制作礼物，泰迪熊、小绵羊、毛绒挂链、围巾手套、玫瑰花……都是我曾经送给朋友、亲人的 DIY 礼物，每次都会给对方带去意想不到的惊喜。高三毕业时，我还"师从"奶奶，学会了做绣花鞋垫，绣了一双送给我最好的朋友，传达我对她无论行至何方都剪不断的挂念。此时，我深深体会到，古时女子为自己做嫁妆、为心上人绣荷包，以及母亲为子女缝新衣、做新鞋，并非全是物质财富贫乏年代的被迫之举，那绵绵情意都汇聚在一针一线中了。这样一份礼物的深情，怕要比那些被视为奢侈品的名牌都要贵重得多吧？

DIY 带给我的还不止这些。

在捧起一双未绣完的鞋垫时，心里竟然难得的平静。穿针走线没有声响，只有时间在静静流动，几乎成了在喧哗浮躁中，除了读书之外我的另一个避风港。

在努力完成一条似乎总也织不完的围巾时，也常常需要咬牙坚持。生活中很多令人烦恼的事不是都像这织不完的围巾吗？虽然坚持下去也不一定能织出怎样的华美锦绣，但是放弃只能半途而废，前面耗费的心血也付之东流。

在送出一份自己亲手制作的礼物时，我明白“小成本”并不意味着小付出、小情意，“大手笔”也未必就有真内涵，就像拍电影，重在其中要传达的惊喜与感动。

DIY，自己动手欢乐多，温暖多，内涵多，幸福也多。

“动物控”的快乐生活

小动物们让我懂得了如何用心去疼爱每一个生命，怎样承担对它们的责任，相处时如何保有耐心，等等。与它们建立的信任是最纯最美的，它们是当之无愧的“治愈系”。

我爱动物，爱得“毫无节操”。面对小动物，若是毛茸茸的小猫、小兔、小狗，姑娘们很多会尖叫：“啊，好可爱！”这一点我和她们一样，有过之而无不及。但夸张的是见到壁虎、青蛙、蜗牛这类冷冰冰的小家伙，在姑娘们尖叫一声惊恐地跳开时，我也跟见了宝贝似的两眼放光，难以克制地想要观察它们。

从小时候起，我家就跟开动物园似的。虽然没有《少年派的奇幻漂流》里面的家庭动物园那么气派，但也算得上种类丰富：鸡、鸭、鱼、兔子、乌龟、鹦鹉、仓鼠……这类常规小宠物，我家常常同时住着几种；其他一些比较奇葩的小众宠物，像田螺、青蛙什么的，也是我家的常住之客。

这些小家伙就像我的朋友，在我的生活中来了又去。

迎接它们的日子是最令人欢欣鼓舞的，比如初中时家里的那对仓鼠兄弟，从得到了老爸老妈可以养仓鼠的许可起，我就每天都乐颠颠的，带它们回家的时候更是开心。

但小动物的寿命永远长不过我们，总有一天，要送它们走，永远离开我们。每到这时候，我就颇能体会“白发人送黑发人”的哀伤。虽然一把屎一把尿拉扯它们的通常是老妈，但最爱和它们玩的应该还是我，见识这个世界上的生离死别最少的也是我，对悲伤的容纳力最差的也是我，所以小家伙们离开的时候，我每每都痛哭流涕、不能自持。

家里曾经有只小灰兔，不知是吃了什么有毒的东西还是生了什么病，一天早上被发现静静躺在窝里，再也没有起来。我哭得真是天昏地暗。小兔子的身体渐渐冰冷了，这个毛茸茸的小家伙在我面前屁颠屁颠地蹦来蹦去的样子，吃嫩草时一直埋着头吭哧吭哧的样子，三瓣嘴嚼起东西来咔嚓咔嚓的声音，都在脑子里萦绕不去。

可能很多小孩子都做过和那时的我所做的一样天真又美好的事情。我在鞋盒里铺上了厚厚的一层草，兔兔最爱吃的那种，然后把兔兔小心翼翼地放在草上，还摆成了奔跑的姿势。喃喃地说，那样兔兔就可以快点跑到天堂去了，最后还不忘在它身边放上小野花。我把小灰兔埋在了院子里的核桃树下，后来再看到满地的繁花和茂盛的核桃树时，我会想，那是小灰兔生命的延续吧。

就是在这样一次次的告别中，我懂得了生命终有尽时，即使再不舍，它们也只能陪伴我们一程，总有一天要与我们别离，而生活还将继续。

忧伤的事就不再提了。带给我最大的快乐的，应该是家里养了两年的小豆豆—— 一只可爱的猫猫垂耳兔。豆豆是高三的暑假才在我家安家落户的。第一次见到它，娇小的身躯缩在一个笼子里，警觉地看着我，一摸它，它就开始哆嗦，好像非常害怕。送我兔子的姐姐说，因为豆豆在宠物店受到过冷落，它的兄弟姐妹都被顾客挑走了，可是好像就是没有人喜欢它一样，丢下它一只在那里，所以它可能有些自卑。对待小兔子，不仅仅要给它喂足够的吃的，更重要的是，它需要爱、需要抚摸、需要赞扬、需要交流。我一听，有点傻了，原来养一只兔子都有这么多的门道！它真的能听懂我的话，和我建立感情吗？将信将疑地，我将豆豆带回了家。

第一天摸豆豆时，它还是会颤抖。不过慢慢地，豆豆好像能欣然地接受抚摸了，甚至还会听话地把小脑袋伸过来让我摸它，一舒服，还干脆就躺在地板上，眯着眼睛，很享受的样子。

为了让豆豆尽快熟悉这个家，每天我都会把它从笼子里放出来在家里跑一会儿，伸展伸展腿脚。于是豆豆慢慢地开始拓展它的势力范围：首先是在笼子周围、阳台上活动，然后慢慢地开始探索客厅，接着穿过门洞把各个屋子打量一番。小家伙好像真的把这里当成了自己的家，旁若无人地横冲直撞，高兴了还会四脚离地来个“大跳”，真是憨态可掬。

当然，养豆豆也有麻烦的事，比如开始时，不懂事的它会在墙角撒尿，真让我们头疼坏了。为了训练豆豆在规定的地方上厕所，我们找了专用的兔子尿盆，放在它平时撒尿的地方。可它真是气人，每次都要把尿盆拨开，尿到地上。但我们并没有气馁，而是将带有豆豆气味的东西放到尿盆上，再把周围的地板用消毒水和醋清理干净。这一招果真奏效了，豆豆开始乖乖地蹲在尿盆上上厕所啦！看着它每次一出笼子，就跑到墙角去蹲坑，我们都倍感欣慰。

不是都说“玩物丧志”吗？一开始接受豆豆时，爸妈还很担心我会不会因为整天逗兔子而耽误了学习。后来发现，并不是这样的。高三开始，学校开设了晚自习。紧张地学习两个小时后，八点半回到家，我要做的第一件事就是打开笼子，放豆豆出来一起玩。摸摸它毛茸茸的身子，带着它在屋子里跑两圈，拿苹果核逗它，看豆豆做几个滑稽的“大跳”，白天压力再大，我的心情都会一下子好起来。有了豆豆的陪伴，我每天晚上都能调整心情、放松一下，在九点多到十一点还可以精神抖擞地再学上一个多小时。要说呢，我高考的成功，其实有俺家豆豆一份功劳。

除了在家里养小动物，我还常喂流浪的猫咪。我的高中一零一中学，校园里有许多只流浪猫，经常会有同学给它们带来各式各样的猫粮，所以每只猫咪都肥肥壮壮。禁不住猫咪们无辜电眼的诱惑，我也买了猫粮，加入了喂猫的行列。每天晚上吃完晚饭，我都会绕道去操场后面喂猫，只要摇一摇装猫粮的小铁盒，五六只猫就会从各处蹿出来，尾巴竖得笔直，喵喵叫着欢呼晚餐的到来。

有时在学习中遇到了挫折，我也会默默地带上猫粮，一个人去喂猫。躲在教学楼后面的角落里，没有人打闹喧哗，没有人打扰我凌乱的思绪，只有几只猫安静地蜷缩在我的脚边，满足地享用美食。静静地看着它们吃猫粮，空气中似乎流动着一种祥和的气息，心也随之平静下来，深吸一口气，便感到又做好了投入战斗的准备。每天的喂猫时间，是我最最享受的。

现在家里养着一只小白猫，叫 Lucky。这家伙让我明白，什么叫命中注定的缘分。

第一次遇见 Lucky 的时候，它还是只小奶猫，大夏天的不知道怎么就钻到了一辆车的前盖里，卡在了发动机和车底壳中间，动弹不得。我在路过的时候听到了声嘶力竭的猫叫声，忍不住慢下了脚步，凑过去看了几圈，以为小家伙躲在车下面，却怎么也找不到。难道卡在车里了？我自己都被吓了一跳。这要是司机没发现，直接把车开走，小家伙肯定就没命了吧。所以我就守在车边，寸步不离，等着司机的出现。小猫的叫声一声声弱下去，我的心一点点紧起来。

等了快一个小时，司机叔叔出现了。我赶紧冲上去说明了原委。还好，这次遇到了同样有爱心的好人，叔叔赶忙把车前盖打开，拿手电往里照。可是只听到小猫绝望的叫声，怎么也看不到它。后来我慌乱之中给老爸打了电话，他叫来了汽修厂的师傅。见到师傅，我就跟病人家属见到医生似的，就差冲上去攥着他的胳膊哀求他："救救这只猫咪……"

还是修车师傅专业，三下五除二把车的轮胎卸了，再把车底壳拆下来，拿手电一照，这才看到了夹在中间灰头土脸的小家伙。我趴在地上往里看，直接哇地就哭出来了。小猫眼睛半睁着，不叫，也不动，让我以为它已经撑不住了。

还好，师傅把它掏出来的时候，它还活着。我接过这只比巴掌大一点儿的小生命，也顾不得它满身的脏泥，就把它抱在怀里，感受着它的体温。那时候，我悬着的心才终于落了下来。

要是搁在别的情况下，老妈是不会允许我在家里养猫的。但这次，谁也没有办法拒绝这只和我超有缘分的小奶猫进驻我家。我给它取名叫 Lucky。做过体检、打过疫苗之后，Lucky 靠着淘气、卖萌和适时的撒娇，融入了我家的生活，也融进了我们一家三口的心里。现在的 Lucky 身强体壮，通身雪白的毛，一黄一蓝两只大眼睛透着灵气，在家里大摇大摆，想睡哪儿睡哪儿，才不管是地板上、沙发上、床上，还是我的腿上，甚至是老爸的啤酒肚上。

我说 Lucky 是我的小天使，看着它望向我的眼睛，我觉得它一定像我爱它一样爱我。当然，我不能否认它最爱的是猫罐头。

期末复习、写论文的时候，它就趴在我腿上，要不就在我背后睡觉，或者蹲在桌子上陪着我。感受着它的体温，和第一次抚摸它的时候一样，心里一下子就暖了。

无论是豆豆、学校里的猫咪还是家里的小 Lucky，和小动物相处的日子，可以用“幸福”两个字来形容。它们让我懂得了如何用心去疼爱每一个生命，怎样承担对它们的责任，相处时如何保有耐心，等等。与它们建立的信任是最纯最美的，它们是当之无愧的“治愈系”。

很多人不喜欢养小动物。有的说养起来太麻烦，有的认为动物寿命比人短，宠物离开时自己会过于伤心，有的甚至瞧不起它们“寄人篱下”的生活方式……但是我认为，这都不能成为不爱它们的理由。宠物用自己的一生，陪伴了人类的一段时光，无论是一年、五年还是十年。而流浪的小动物呢，它们也应该得到我们的关怀，因为生命没有贵贱之分，他们同样有生存、生活的权利。

关爱身边的小动物吧，如果不能饲养，哪怕只是给楼下守候的猫咪、狗狗带去一些健康的食粮。只需要一点点真诚的付出，便会感受到，能够和小动物们好好相处，给彼此带来快乐，给生活添些颜色，实在是不可多得的享受。

赶路，也看风景

赶路固然要紧，也不能忘记看风景啊。如果急匆匆地向前，错过了沿途所有的山河、花木，最后即使到达了目的地，这旅行又有何意义？

什么样的生活状态最恐怖呢？不是累，也不是辛苦，而是无聊。粗略地看一下生活，我们会感觉每一天都大同小异：吃饭、睡觉、看书学习、上网打游戏，没有什么新奇与乐趣可言。但实际上，生活中的快乐可以自己去发掘、去创造。适时地抛开一切烦恼去追逐一下美丽的风景，你会发现生活原来如此多娇。

2009年暑假，湖南卫视播了电视剧《一起来看流星雨》。这部片子虽然被很多人吐槽，但我还是追着看了不少集。不过今天我要说的不是这部电视剧，而是它勾起了我看流星雨的强烈愿望。

流星雨到底是什么样子的呢？我很早就开始想象了：黑色的天幕上，耀眼的星星拖着尾巴滑落，照亮一方天空。

那一年的中秋节假期和国庆假期重叠，我陪爸爸妈妈回老家去看望年迈的爷爷奶奶和姥姥姥爷。回到老家后，我每天晚上都搬着小凳子坐在院子里或者躺在房顶上，仰脸望着天空，希望在灯光稀疏的乡村看到流星。但我仰头仰得脖子都僵了，最终还是失望而归。

有一天吃晚饭的时候，妈妈神秘兮兮地问我："女儿，想不想看流星雨？"

"呃？想呀……"我有点诧异。

"周三有流星雨，要不，咱去看？"

周三去看流星雨？我和爸爸都有点回不过神来。原来妈妈下午在网上看新闻，看到周三狮子座流星雨即将来临。贴心的老妈知道我向往流星雨好久了，便谋划着我们一家三口去看这场流星雨。

那次流星雨爆发的最佳观测时间是凌晨四点钟，最佳观测点在内蒙古呼和浩特，妈妈便想我们一家在周二的晚上飞到呼和浩特，看完流星雨，再在周三的早上飞回北京。她连航班都看好了。

爸爸非常赞同，听了妈妈的计划在旁边直点头，征得我的同意后，立即拿起手机就开始拨打电话，订好了机票和酒店。

啊，我心里那个狂喜，知我者，爸爸妈妈也！

星期二晚上，爸爸妈妈从学校接上我，直奔机场。我们不远千里乘飞机赶到了呼和浩特。在宾馆登记时，我的心扑通扑通直跳，感到莫名的紧张，有点不相信我们真的说飞就飞到了这里，感觉像做梦一样。

半夜三点，闹钟响了。是时候去看流星雨啦！我们三个人浑身上下裹得严严实实，羽绒服都穿了两层，生怕初冬的寒冷影响我们观星的心情。我们叫了一辆车，车子把我们送到荒芜的郊野，行到四面漆黑、没有灯光的地方，我们便下了车。剩下的，就是等待。

等待着，等待着，时间一分一秒地过去，眼前的漆黑却没有变化。就在脖子酸疼，耐心快要耗尽的时候，眼前忽然一亮，一道耀眼的白光闪过。“流星！流星！”我激动得跳了起来，一眨眼的工夫，它就不见了，却晃得眼前一抹亮光久久不肯散去。还没来得及后悔刚刚看得不够清晰，唰的一下，又划过了一颗流星。这一颗似乎格外明亮，在漆黑的夜幕上划出一道白闪闪的弧，然后消失在天地相接的地方。这一回我紧紧地盯着它，看得格外清楚，激动之余，又有些意犹未尽。于是焦急地等待着更多的流星光顾我们头顶的这片天空。

皇天不负有心人，流星雨的高潮似乎来临了。星星更密集地划过，天空不时被点亮。流星凌厉地划开暗夜的漆黑，为凝视的人们送来短暂而又永恒的心动。望着这些天空的精灵，好像自己也化作了它们中的一颗，用最后的光芒点亮大地，然后消失。那时，什么烦心事都忘却了，只感到平静、幸福。后来累得不行了，我们就干脆躺在地上，那样恣意地欣赏着。我数着看到的流星，一颗、两颗、三颗……三十四颗……

三个小时过去了，太沉迷于流星雨，寒风里的我们仨都已经快要冻僵。抵不过寒冷，我们依依不舍地站起来，拍拍身上的土，才发觉双脚已经冻得麻木，不像是自己的脚了。即便如此，我们回味着这一趟疯狂的旅行，依然感到非常满足。

坐在返回北京的飞机上，我们兴致勃勃地谈论着哪颗星星最美，哪颗星星很可惜没有看清楚，偷偷许下了多少愿望……虽然知道回去后，一切又会进入原来的轨道，但是这次新鲜而珍贵的旅行，似乎让以后的日子变得丰富起来，充满更多的希冀与激情。

生活本如此吧，很多时候无非是几点一线，看上去单调乏味。但是生活的色彩需要自己去涂抹，生活中的乐趣与身边转瞬即逝的美，需要我们停下脚步，去抓住，去品味。或许不必像我们这样，放下一切逃开，而只是给心灵放一个假。在如此快节奏的时代，无论年纪大小，我们总是在赶路。但是，赶路固然要紧，也不能忘记看风景啊。如果急匆匆地向前，错过了沿途所有的山河、花木，最后即使到达了目的地，这旅行又有何意义？

风景是心灵的镜子，因此，不要把自己埋在书本里出不来，而要不时地抬头看看周围有什么值得流连的风景。如此，生活才能丰富，人生才能更加丰满而有意义。

旅行的意义

旅行的意义，在于体验不一样的美、不一样的历史、不一样的风土人情、不一样的心境。

“旅行，就是从自己待腻的地方到别人待腻的地方去。”此言多有调侃诙谐之味，却道出了旅行令人无奈的内涵：每一个人所惊喜讶异的风景，其实对于生长在那片土地上的人来说，都只是日常生活的一部分。这样想来，人们远离家乡、背包前行的行为看似潇洒，其实也没啥意思不是？

但是，旅行就因此失去它的魅力和意义了吗？不，不，不，旅行的意义远不止这些。我喜欢旅行。在我看来，旅行的意义在于体验。即使是别人看过千万遍厌倦了的风景，踏过千万次已经习惯了的街道，只要对我而言是新鲜的，我都爱。

六岁的时候，我和爸爸妈妈一起到大连旅游。因为那时候还太小，关于它的很多记忆都已经模糊难辨了。但是记得很清楚的是我们一家三口去看海上日出。那是我们第一次到海边，所以都非常想看一场日出，体验一把巴金在英国邮船“昂热号”上记录的奇观。

在旅馆打探好附近观日出的最佳地点，我们早上三点多就出发了。出租车司机把我们拉到山上，却发现荒无人烟的小山上只有我们三个人，周围漆黑一片，怪吓人的，空气也冷得刺骨。但是，既然下定决心要看日出，哪能临阵脱逃？再说，这儿也见不着一辆车，连退路也没有啦。于是我们在面朝大海、冷风吹来的大石块上等待着。冷得不行，衣服裹了一层又一层，还是瑟瑟发抖，后来我们仨干脆把床单裹在身上，样子狼狈极了。

就在我们等得快要不耐烦的时候，天空的颜色开始变浅、变蓝了。东方海面的一角开始泛白、泛红、泛黄，像在黑色的海天相接处有层次地点了几滴水分充足的颜料，此刻正在均匀地晕开，像画水彩。

一会儿，天边更亮了，太阳露出了泛着光的头顶，天空染上了金色。像是“犹抱琵琶半遮面”的娇羞女子，太阳一点儿一点儿不紧不慢地上升。在露出了大部分圆润的身子时，横拦在它腰上的一些云朵却迟迟不肯散去。一直在屏气看着的我忽然仰起脸惊呼：“快看！太阳像不像个汉堡包？被云切开的是两块面包，云是中间的肉饼！”山上马上荡开了我们三个人豪放的笑声。

旅行还让我体验到了历史的厚重感，以及异域独特的风土人情。龙门石窟的大佛诉说着起于北魏孝文帝迁都洛阳之际，又历经东魏、西魏、北齐、隋、唐、五代营造的历史；丽江古城的街里巷外，记录着纳西族人的智慧，飘扬着纳西姑娘华美的裙摆；苏州同里千回百转的水路，岸旁垂柳摇曳生姿，溪中摇摆的小舟上回荡着吴侬软语的绵绵小曲……这些沉淀静默了千年的历史古迹，和至今依然生机勃勃的异乡生活，在我看来都是新奇、神秘的。走走停停，看看嗅嗅，摆个千年不变的剪刀手，用相机记录下此刻明媚的笑容，生活就这样，多美。

伴侣，伴旅。后来慢慢发觉，很多时候旅行的意义并不仅仅在于去哪儿，而在于和谁结伴同行。风景固然是万年不变的迷人，但是游玩时的心情是烦闷还是愉悦，难道不是取决于同行的人吗？陪着父母出去转转，或是和一帮熟络亲爱的朋友出去疯疯，感觉都是不一样的。

记忆中最快乐的旅行，是快到高三时班级集体去上海看世博会。

七月的上海正值酷暑，骄阳却没有晒灭我们一行人的激情，世博会展馆难熬的排队也没有让我们垂头丧气、没精打采，因为和这帮朋友在一起，不论做什么都很开心，哪怕是在街边瞎溜达也有聊不完的天、开不完的玩笑、谈不尽的八卦绯闻、争不清的奇闻逸事，真可谓乐趣无穷！在黄浦江的邮轮上，我们还给班里的丁哥举行了生日派对，看着腼腆的丁哥脸上抑制不住的笑容，我们都知道这场生日会一定是独一无二的，不禁对幸运的他有些羡慕、嫉妒。

从上海回来，我们就升入了高三，即将面对的是一年的奋力拼搏，必然是会很累很辛苦的。但是这场盛宴却没有把我们的心“玩散”，而是像给我们充上了电一般，让我们在高三这一年更加充满力量，更不遗余力地努力。同时，班里的兄弟姐妹们之间的关系，也因为在这次旅行中的“同甘共苦”而更上一层楼，愈加亲密了。

你瞧，同行的旅伴可以给旅行增添色彩，而一次旅行又可以给友谊增加多少分量，是不用我多言的吧？旅行，体验的也是结伴同行之乐啊！

法国诗人兰波说：“生活在别处。”

这或许便是越来越多的人爱上旅行的原因吧？当下的生活总是被繁杂俗事充塞，总是有那么多令人不满、令人烦恼的事情，那么多不想面对的人，那么多无法改变却又难以忍受的现状；而“远方”，就像一个神秘的咒语，一把神奇的钥匙，带我们走进一个世外桃源般崭新的世界，迥然不同于我们自己单调乏味的生活，带给我们惊喜，让我们暂时忘却烦恼。

可是，生活又怎么可能在别处呢？

无论我们在世外桃源逃避、躲藏了多久，终归有一天是要回来，面对现实的。就像我，每次旅行回来，总是有怅然若失的感觉，被一种莫名的淡淡忧伤笼罩着，因为还有成堆的学业任务没有完成，因为马上就要面临开学，马上就又要进入紧张的生活中……

忧伤自是难免，可是为了不影响正常的节奏，我必须调整状态，告诉自己："休息时间已过，现在，我需要投入生活的汪洋中奋斗啦！"与此同时，我也发现，每每旅行归来，拖着箱子背着背包回到温馨熟悉的家，总是有大松一口气的舒适的感觉。俗话说得好，"金窝银窝，不如自己的狗窝"，外面的风景再美、住处再舒适，也不可能有家带给我们的归属感；行人再热情、导游再耐心，也不可能给我们爸爸妈妈一样无微不至的关怀。

其实，我们旅行时看到的都是那个地方最美最好的景致，要是真的生活在那里，油盐酱醋、锅碗瓢盆的麻烦事怎么会少得了呢？我们心中诗一般的远方，其实只是当地人朴实的生活之所；我们自己生活的地方，搞不好也是许多人心心念念、无比向往的"圣地"呢！

旅行的意义，在于体验不一样的美、不一样的历史、不一样的风土人情、不一样的心境。但对我而言，旅行归来是重新发现自己的生活的好机会。繁华过后，会明白平淡是真，自己眼下的生活才是最真实的舞台。

越运动，越健康，越快乐

运动是最好的放松方式，因为这种快乐源自实现自己又超越自己的感受，源自从事自己真正热爱的事情的惬意。越运动，越健康，也就越快乐，何乐而不为？

老爸有个“四字成长秘诀”，叫“动、吃、睡、长”，意思是：使劲运动，然后就吃得多，再好好睡一觉，就能长高个儿。遇到有孩子的人家，他便要手舞足蹈地大肆宣传一番。很给老爸拆台的是，我最后也没长成个大高个儿，不过我一直相信这个理论是没有问题的，尤其是“动”被排在了第一位。

或许是受老爸的影响，我很热爱运动。不过我的落脚点却不在“长”上，而在于开心，说白了就是“玩”。

最早开始的户外运动，应该算是爬山，因为这是一项技术含量最低、成本最小，又很舒适自在的运动。

从小学起，我们一家三口几乎每个周末都会出去郊游，最常进行的活动便是爬山：从香山到凤凰岭，从百望山到鹫峰，北京的大山小山、高山矮山、陡山缓山、美山丑山，几乎都被我们爬了个遍。到现在，我的抽屉深处还摆着一块铜质的小奖牌，上面写着“李 ×× 爬上了香山”，作为六岁的我成功登顶的荣誉证书被我珍藏着，也见证了我与爬山剪不断的渊源。

绿林环绕中清新的空气，花枝招展中翩飞的蝴蝶，雀跃鸣叫的鸟儿……这些是大山给我的馈赠，是大自然的美丽。然而，爬山作为一项运动，迷人之处还不止于此。最让人感觉爽快的是在蓝天、阳光映照下向上奔跑，被汗水浸湿的酣畅淋漓的快感，最让人自豪的是冲上山巅俯瞰周遭的豪气，最让人依恋的是一阵阵拂面的山中凉风，抚摸着骄阳下我们炽热的脸庞……我喜欢爬山，到现在也没有改变。秋天，我还要组织大学同学向香山进发呢！

后来，我学了各种各样的运动技能，开始进行稍微“高端”些、有点技术含量的运动。我最爱的是游泳。

作为一个女孩子，随着年龄的增长，我开始越来越注意自己的外表，随之而来的便是对自己身材的不满。和很多青春期的女孩子一样，“减肥”这个曾经不屑一顾的词映入脑海。要想在减掉肥肉的同时拥有好的身材，光靠节食显然是不靠谱的，对身体的伤害实在太大，搞不好还可能得厌食症，这样的副作用我可承受不起。

那么到底该怎么办呢？最好的方法便是运动，确切地说是有氧运动。为了达到最好的锻炼效果，我特意在网上查了有氧运动的定义，发现它的特点是强度低、持续时间较长，每次持续锻炼的时间不少于二十分钟，每周坚持三到五次。这可不是个好坚持的差事哟，但是为了我的好身材，开练！

春、秋、冬三个季节，运动减肥还比较好解决，在户外跑跑步、打打球，便可以达到目的。但是一到了夏天，听着单调的蝉鸣，看着外面如火的骄阳和蒸腾着热气的地面，我便开始打退堂鼓，实在不想到外面去运动，只想躲在空调房里吹风。这个时候，作为唯一在水中进行的有氧运动，游泳便成了我躲避烈日酷暑的同时，保持运动量的最佳方法，也是唯一的方法。

小学三年级到五年级，通过三期游泳班我学会了所有的泳姿。虽然因为担心太业余的水平会贻笑大方，百分之九十的时间我都只敢游最普通的蛙泳。但即使是这样，在别人谈论到游泳时，我还是可以插上一句“我会所有的泳姿哟，加上狗刨一共五种哟”。嘿，这始终是让我引以为豪的一点。

不知最初是因为游得好才爱上游泳，还是因为喜欢游泳才越游越好，我和这项运动从此就结下了不解之缘。一进入泳池，我就好像鱼儿回到了大海一般，自由自在、无拘无束，可以尽情地游动、翻滚、潜水、倒立……那种清清凉凉的感觉，真是令人迷醉！

上高中时，铆足了劲儿也没长到一米六的我，跟着性格爽朗的好朋友咖喱，竟然爱上了打篮球。我那位姐们儿打球在女生里是绝对厉害，和男生比也是能排得上号的。而那时的我呢，其实说是“打球”都有些勉强，因为更多的时候，我只是在篮筐下不厌其烦地运球、投球。运球我只能用右手；投球呢，我也只掌握了最基础的“三八推”。但是即使是这样，我屁颠屁颠地跟在咖喱后面，抱着篮球也是玩得不亦乐乎，因为我打心眼儿里喜欢那种控制着篮球，在球场上奔跑、跳跃的感觉。

时不时地，班里几个喜欢篮球的女生还会凑在一起，分拨打打小型的对抗篮球赛。虽然我们这帮“业余选手”打起来经常乱作一团、挤在一起，规则也不甚清楚，往往想传球却砸到脸上，想防守却把人家拽到了地上，想盖帽却不小心滑到了手上……多多少少有“暴力篮球”的意味，挂个小彩也是经常的，但是我们打球又不在乎专业不专业，不就是图个乐子嘛。我们打得很开心、放松得很彻底，就俩字，高兴。

高三的学习压力非常大，我总感觉脑子里有根筋长时间绷得紧紧的，好像随时要断掉。这时，运动便是我发泄压力的不二法门。当心情烦闷、浮躁、痛苦之时，我就会抱着球去场上跑动跑动、投投球，心情一下就轻松很多；运动完后回家洗个热水澡，再睡个小觉，醒来时一定精力充沛，满血复活！

这个习惯我一直保持到了现在。一上大学，我便加入了中文系女子篮球队，每周两次的训练给了我锻炼身体、放松身心的好机会。在上届的女篮比赛中，小嘎巴豆一样弱小的我，可是场场都能上去摸摸球的第一替补哟！

还有一项平民运动也是我所热爱的，那便是轮滑。

最初接触轮滑是在“非典”期间，中小学全面停课。那段日子，对于小学生来说，简直像是到了“天堂”：不用早起、不用上课、不用学习，每天起床后就在清华园的荷塘、工字厅“遛弯”。晚上的娱乐活动，便是在大礼堂前滑旱冰。因为有滑水冰的基础，我学起旱冰来快极了，没几天就可以自如地来去，享受“飞一般的感觉”。每天吃过晚饭，住在清华里的同学们就纷纷出动，在礼堂前集合了。我们一帮小屁孩儿其实也没什么花哨的活动，无非是一圈一圈地绕着大草坪没心没肺地疯跑。但是大家你追我赶、有说有笑的，那感觉真是“爽歪歪”。

虽然热爱轮滑，但是上中学后，由于学习紧张了，朋友们住得分散了，场地也紧张了，就没能继续下去，轮滑鞋也锁在柜子里落满了灰尘。幸好，上了大学，我重出轮滑江湖的机会又来了！在第二学期，我便加入了轮滑协会，换上了全新的“战靴”，开始了全新的轮滑征程。

在协会里，我交到了不少很好的朋友，也获得了久违的“飞一般的感觉”。我们每个人都有自己的昵称，有橙子、蛋蛋、葱头，我呢，被大家称为“若若”。这些稀奇古怪的名字个个朗朗上口，相互称呼起来亲切极了。室友说，只要在路上走着见你跟人打招呼时，叫出奇奇怪怪的名字，像接头暗号似的，那人就一定是轮滑协会的。是啊，协会就像个欢乐的大家庭，成员们互相关照、爱护，在毕业季，我们还组团出去聚餐，给毕业的师兄师姐们饯行。告别后看着他们的身影渐行渐远，心里是说不出的不舍。

随着训练时间的变长，我们的训练内容也由基础教程提升到了平花练习，动作帅气又富有挑战性，一点儿也不单调乏味。每天晚上九点开始轮滑协会的活动，只要手头没有要紧的事情要办，我就会换上轮滑鞋，风风火火地去和伙伴们滑上一阵子。脚下轮子滚动和地面摩擦唰唰地轻响着，耳旁飞速掠过的风呼呼地鸣叫着，面上顿觉舒爽，视线逐渐清晰。那种风驰电掣的感觉依然没变，我对轮滑的热爱也依然没变，以后的日子里，轮滑必然会以我最亲密的伙伴的身份，一直陪伴着我，给我无穷无尽的快乐和享受。

瞧，这就是运动带给我的数不清的财富：自然风景的享受，健康美丽的身材，压力的发泄与释放，身心的放松与休息，自由自在的舒爽感觉。当我们沉醉于丰富多彩的娱乐生活之时，不要忘记了，其实运动才是最好的放松方式，因为这种快乐源自实现自己又超越自己的感受，源自从事自己真正热爱的事情的惬意。越运动，越健康，也就越快乐，何乐而不为？

送你一个健康锦囊

身体是革命的本钱，没有好的休息，哪来好的身体，没有好身体，又怎么能够精力充沛地面对大压力、快节奏的学习生活呢？

刚从初中升入高中时，虽然大考的压力减轻了不少，但是较快的学习节奏和提升了一个难度档次的学习内容，还是让我感觉很辛苦。文科的东西还好，数理化的内容真的让我有些吃不消，每天要花比别的同学多几倍的功夫，才能不被大部队甩下太远。就这样，我踏上了熬夜的“不归路”。

很长一段时间里，我三天一小熬、两天一大熬，早则十二点半睡觉，晚则一点左右还挑灯夜战。其实学习任务真的有那么重、那么多吗？并没有啊，只是我发现了晚上的赶工可以弥补很多白天荒废掉的时间，完成没做完的事情，于是白天的效率就越来越低，晚上则必须得熬到更晚……如此，进入了一个恶性循环。

熬夜，短时间内我还是可以承受的，除了每天早上的几堂课都昏昏欲睡、没精打采，有点影响学习效率之外，也没有感觉有什么太大的异样，身体也没有出什么问题。但是，这种昼夜颠倒的“非地球人作息时间”延续了几个月之后，我开始吃不消了。

最初的不适来自胃部。晚上熬完夜，第二天早上我的胃总是翻江倒海的，总要拉一通肚子才能缓解，难受极了。

不过胃痛还好，最多几个小时便可以消解，最让我苦恼的是，因为熬夜导致的内分泌失调，我的皮肤开始变得越来越差。原本光滑的脸颊上开始冒出小痘痘，因为油脂过多，整天都“油光满面”，脸色也时常暗淡无光，难看极了。作为一个爱美的女孩子，这可愁坏我了！但是，保养皮肤是一项耗时耗力的工作，抱着“以后有空闲的时候再保养皮肤吧”的心理，这最终没有成为我调整作息的动力。

熬夜熬成了习惯，我的抵抗力竟然也开始下降。不是上火就是着凉，感冒就快成了我的“贴身伴侣”，总是舍不得离开我。我寻思，感冒这种小病没有什么事吧？不是还可以培养抗体？于是，我也没太当回事。然而这还不算完，我的视力也开始下降了，在学校上课时的位置没变，但是看黑板却没有以前那么清晰；黑眼圈更是一日重过一日，要不是靠鼻梁上的小眼镜遮挡着，真是不敢出门……可是，我却依然没有下决心调整，改变生活规律哪是那么简单的事呢？只能是该熬夜还接着熬。

真正给我敲响了警钟的，是心脏。

我家没有心脏病史，因此我的心脏也一直健康有力地在胸腔中跳动着，从来没有出过什么问题。但是，熬夜一段时间之后，每天早上起来我都会感觉胸口闷得慌，一旦尝试着做深呼吸还会很疼，好像一直憋着什么似的特别难受，往往一个上午都缓解不了。当时，真的是把我吓坏了，总担心我是得了心脏病，不知哪天就会在早上跑操的时候忽然休克，晕倒在跑道上。幸好，我担忧的场景并没有出现，但我还是放不下悬着的心，决定到医院检查检查。

头一次做心电图，看着身上夹着的好多五颜六色的电导线，我紧张极了。

结果出来了，医生仔细地看了看我的心电图，抿了抿嘴，说："这个，心脏应该是没什么大问题，不过心跳的确有点紊乱了，这段时间是不是休息得不太好？"

我忙不迭地点着头，说："熬夜有点多……"

医生点点头说："那就对了，是因为作息不规律导致的心跳紊乱，回去一定要好好休息，按时作息，过一段时间应该就会好。如果还是胸口憋闷，再来检查。心脏的问题，还是不能轻视，要好好保护身体才对啊！"

听完医生的诊断，我长长地舒了一口气。虽然心脏的问题不大，但是这却给我敲响了警钟，让我真正意识到，熬夜对身体的伤害不可小觑，黑白颠倒地学习，实在不是长久之计。

于是，回到家我就开始着手调整作息。静下心来一想，便发觉，其实如果提高学习效率，我没有必要每天都挑灯夜战到那么晚。从早上开始，每天其实都有很多时间可以挤出来，抓紧完成作业：比如每一个课间，要是上个卫生间、和朋友出去走一圈，然后赶紧回来学习，主科一半零零碎碎的小题就可以完成啦；比如午休时间，把吃饭的速度加快，然后回来小睡一会儿，再写个十几分钟或者二十分钟的作业，又可以解决一部分；再比如晚上参加学校的晚自习，吃完晚饭，早早地就可以开始奋斗了，省去了在晚高峰坐车回家堵车的时间和到家后懒懒散散、晃来晃去的时间，九点半自习结束回到家时大部分任务就都已经完成了。

就这样，把全天中零零碎碎的时间都充分利用起来，我的学习效率大增，每天晚上十点多就基本没有什么必须要完成的事情了。如果累了就可以及早休息；如果精力还充沛便拿出明天、后天要完成的任务提前做，为后几天节省出更多的机动时间。这样一来，我几乎每天都可以十一点便做好所有事情，把第二天要用的学习用品收拾妥当，然后踏踏实实地上床睡觉。

休息好了，我整个人的精神面貌都焕然一新了，皮肤、抵抗力都在慢慢恢复，那些身体上的小病痛也果真一点点离我而去了。

不仅如此，我白天上课时脑子也清醒了不少，好像智商莫名提高了似的，注意力更集中，反应也更快了。嘿，这比那些真假难辨的保健品，效果可是好多啦。这样，大部分问题我都可以直接在课上解决，不用留到课下再耗费精力了，为我高三成绩的提升做出了不小的贡献。

吃到了规律作息的甜头，我自然认真地把这个好习惯小心翼翼地保持了下来，即使在大家将熬夜学习视为常态的大学中，我也依然尽可能早早休息，保证自己良好的身体和精神状态。

俗话说得好，“留得青山在，不怕没柴烧”。身体是革命的本钱，没有好的休息，哪来好的身体，没有好身体，又怎么能够精力充沛地面对大压力、快节奏的学习生活呢？我“以身试法”之后才明白，通过熬夜的方式让身体超负荷工作，实在是得不偿失，学习效率未必提高，身体却一定会被拖垮。幸亏我及时发现问题，在身体尚能自愈时便改正了过来，不然，如果真的生了大病，只怕后悔都来不及呢！

当然，好的生活习惯不仅仅指规律的作息，还有合理的饮食习惯、良好的卫生习惯，一两句话也说不清道不明。但是，丝毫不懂医学的我却善于在日常生活中，从四面八方搜罗关于生活的各种小常识、小建议，可能是朋友的一句话、一个忠告，可能是一篇报纸上的报道，可能是网上的一篇小短文……处处留心，我们每个人都可以积攒不少生活小智慧，慢慢养成很好的生活习惯。

说着说着，感觉自己像在推销一种“包治百病”的良药秘方。不过，这良好的生活习惯，还真的是一剂独一无二的灵丹妙药。

开源节流两不误

节约，无疑是一种良好的生活习惯和生活态度；而靠自己的力量挣得零用钱的小差事呢，在不影响学习的前提下，是可以尝试着做一做的。

爸妈常说，我从小就是个“懂事”的孩子。其实哪有呢，我还不是和所有的孩子一样不听话、爱玩爱瞎闹？这个“懂事”，无非是指我不乱要钱、不乱花钱。

唉，有什么办法呢？穷人的孩子早当家嘛！

小时候，因为经济状况的限制，我们一家三口过得比较拮据。爸爸妈妈的薪水在解决了基本的衣食住行问题后便只剩下很少很少，所以那时的我们是没有条件享受优越的物质生活的。用老爸老妈忆苦思甜时的话讲，就是“连肉都吃不起”。

从幼儿园起，我对家里这样的状况就心知肚明，所以对于玩具、衣服，无论多喜欢，只要价钱稍微有点高，我都很少哭着闹着、死皮赖脸地要。

老爸跟我讲过连我自己都不记得的一幕，想来小时候的自己还真是挺“成熟”的：小学二年级时，我和小朋友们一起出去玩，看到路边在卖什么很贵的东西。所有的小朋友都争着吵着往前面挤，只有我一个人站在外面，不动声色地看着。阿姨问我：“辰辰你不要吗？”我摇摇头说：“我不买，我家穷，买不起。”

让我印象深刻的，是商场里的芭比娃娃。这些金发碧眼的小美妞儿，让我“垂涎”了好长好长时间。

小学的时候，每个女孩都想拥有至少一个芭比娃娃，可以给她梳头发、换衣服、穿鞋子，把她当作自己的宝贝看待。但是，在有的孩子可以随心所欲地把商店里自己喜欢的芭比娃娃带回家，拥有三个、四个甚至更多个芭比娃娃的时候，我却一个都没有，因为它们对于我家的经济条件来说，真的很贵。记得每次到商场，我都会一个人悄悄溜到玩具区，将柜台上的芭比娃娃一个一个从头到脚仔仔细细地看过去。

芭比娃娃真美。她们穿着各式各样的漂亮衣服，梳着各种好看的发型，脸上带着甜美的笑，我好想带一个回家……可是当我的目光扫到娃娃动辄几百的价格标签时，就低下头，赶紧走开；而看到一个稍微便宜一点儿的，我的心里便会燃起一丝希望，但是很快又自己否定。我知道，家里不富裕，没有那么多闲钱购买这些奢侈的玩具。所以，我只是偶尔小心翼翼地提及我对芭比娃娃的喜爱，却从来没有跟爸爸妈妈要求过买一个回家。

后来，家里的条件慢慢改善了，买得起芭比娃娃，也消费得起很多以前想都不敢想的东西了。但是，因为有了以前生活拮据的经历，我节约用钱的好习惯保持了下来。

上了中学，爸爸妈妈开始定期给我零花钱。这对我而言可是一大喜事：一方面，我有了可以自由支配的零用钱，想买什么好东西时，不必次次向父母请示了；另一方面，我也一点点学会了管理自己手中的钱财。

上了大学，爸爸妈妈依然是定期给我的银行卡里打钱，其中包括了我平时所有衣食住行的开销。这就对我的理财要求非常高啦，虽然不必事事精打细算，但是如果前半个月挥霍无度，到了月底可是有“断粮”危险的！

其实呢，节约并非抠门，不是让我们成为一只“铁公鸡”，死捂着钱包不肯花一点儿钱；也不是让我们切断所有享受，不下馆子、不出去玩、不买衣服，过苦行僧一般的清贫生活。

节约其实是指导生活的一种意识，其核心是不刻意奢侈和浪费金钱。

生活嘛，本来就该充满乐趣，适当的玩乐享受可以丰富我们的世界，一定的生活水平也是需要花销来支撑的。更重要的是，要尽量少花不必要的钱财。

打个比方，即使家里富裕，如果从学校回家坐公共交通工具其实还算方便，那么不妨坐坐公交，而不是出门就打车；如果新款的鞋子、包包或者衣服家中尚有近似的替代品，偶尔喜新厌旧一下可以接受，过于追风赶时髦、迫不及待地更新换代，就大可不必了；如果有打折商品、优惠活动，参加一下省个大钱小钱的，其实一点儿也不掉价……虽然老爸告诉我说“钱不是省出来的，是挣出来的”，但是如果一味挥霍无度，除非成为世界屈指可数的大富豪，否则只怕咱爹咱妈有再多的钱，也有“入不敷出”的那一天吧？

前面说了“节流”，也就是省钱，下面不妨接着我老爸的话来谈谈“开源”，即挣钱。

其实对于学生而言，主业无疑是学习，而不是挣钱。但是我的经历告诉我，靠自己的辛勤劳动获得经济报酬，那感觉是非常美妙的。

从小时候起，为了鼓励我多分担家务事，妈妈实行了“酬金制”，对我的劳动给予金钱回报。虽然是五块十块的小钱，但是对于零花钱非常有限的我来说可是不小的诱惑啊！而且，用劳动挣来的钱，总比张口管爸妈要的钱花起来要舒坦得多。于是，我主动承担了家里洗碗、拖地等家务活儿，一想到干好了有报酬，我做起来就干劲十足。这样一来，既减轻了爸爸妈妈的负担，又为自己挣到了可自由支配的零花钱，也让我懂得了“劳动创造财富”这个亘古不变的真理。自己懂得了赚钱的辛苦，也会自然而然地变得节约起来，舍不得乱花钱。

但是随着年龄的增长，我渐渐长大、懂事了。我开始觉得，作为子女，为父母分担一些家务事，其实是一种责任和义务。小的时候通过奖励来鼓励自己干活，可是长大了还从爸爸妈妈那里赚钱，有些不太合适。赚来赚去，还不是自己家里的钱吗？但是，我还是很希望除了父母给的零用钱之外，能有一些自己额外的经济来源，攒一个自己的小金库，支持那些有些“小奢侈”或者爸爸妈妈不太会同意的花销。

做什么样的事情可以既挣到钱，又不占用太多时间、不耽误学习呢？

在闲得无聊翻报纸的时候，一行小字映入眼帘：“欢迎向本报投稿！”顿时，一个小灯泡在我脑中亮起：写文章向报纸、杂志投稿！这难道不是对我而言最佳的“开源”途径吗？

但是我明白，写文章这种事情是强求不得的，灵感一来，文思如泉涌；没有灵感的时候硬要憋出一篇文章来，便会搞得像挤牙膏一样，自己写着难受，读者读来也会非常不得劲儿。不过，有了投稿的想法，我在生活中遇到什么有触动的大事小事，都会有意识地记下来，往深入想一想，然后整理一下思路，写成一篇有感而发的文章，投到报社去试试运气。

结果，皇天不负有心人，我前前后后投了三篇稿子，竟然都被《北京青年报》的《中学作文》栏目发表了！陆陆续续地，我收到了作为报酬的三笔稿费，虽然数量都在百元左右，但是那种拿着汇款单到邮局取出自己的稿费的感觉，真的是棒极了！那一百多元的第一份稿费，我精心地夹好收在了柜子里，想保存住第一次挣到钱的时候那种爽极了的感觉。

上了大学，可以自己支配的时间多了起来，我便在学校里找了一份比较轻闲的眼镜店代理工作，赚一些自己的零花钱，平时看到让我心动却有些贵的衣服、鞋子，我便可以用自己攒下的钱心安理得地买下。偶尔有近途的旅行，也不必向爸爸妈妈额外伸手要钱便支付得起。这种支配真正属于自己的钱财的感觉，真的很不错哟！

如何正确对待金钱，这是个宏大的话题，我三言两语也难以说明白。但是，节约，无疑是一种良好的生活习惯和生活态度；而靠自己的力量挣得零用钱的小差事呢，在不影响学习的前提下，是可以尝试着做一做的。毕竟，亲身去经历一下，我们才能更深刻地体会爸爸妈妈工作挣钱的辛苦，真正懂得爱惜金钱，明白什么是“No pain, no gain”①。

① 一分辛劳，一分收获。

攀比其实没啥意思

真正有内涵的人，从来不需要用攀比这种幼稚的行为来夸大自己的实力。就像武林高手往往隐姓埋名、穿着朴素，摘花飞叶也可以一招制敌。

我依然清楚地记得，小学五年级时的一天，同桌指着我脚上穿了两年的运动鞋，用嘲笑的口气说:“哈哈，你怎么还穿‘双星’的鞋啊？那么破！”那一刻，我低头看了看自己的鞋子，又看了看同桌脚上那双帅气的黑色耐克跑鞋，心不知为何揪成了一团。

头一次，我知道了鞋子这种东西还有按牌子分好坏的说法，而且穿便宜牌子的鞋子，会被人瞧不起。现在想想，那种心理，或许就是攀比。

听他那样说，我小小的自尊心被戳了一个洞。后来，在商场，我忍不住偷偷去看了那家画着大对钩的店，那家爸爸妈妈从来不会带我进去的店。我没有要求他们给我买一双和同桌一样的鞋。因为看过价签之后，我知道了，那样的鞋，我家买不起。

那时的我，家里连最便宜的芭比娃娃都买不起，和爸爸妈妈到处租房子住。而我的同桌，用现在的话说，该是个名副其实的小“高富帅”了。

我很清楚，我家和他家不一样。

后来上了初中，我买到了第一双名牌鞋子：一双 Kappa①的板鞋。三百多块钱，和耐克、阿迪达斯的鞋比起来要便宜太多，但当妈妈同意买给我的时候，我还是欣喜若狂。心里有个小小的声音在说：瞧，我现在不穿“双星”了，没有人会指着我的鞋子嘲笑我了！

进了中学，我才真的体会到了什么是攀比。

穿着 Kappa 的我还没来得及高兴太久，就从同学们身上、口中知道了，很多牌子比这个要昂贵得多。因为一身都穿着校服，一个人是什么“身价”，全看脚上那双鞋。看看就知道了，年级里那些有名的男孩女孩，哪个不是穿着色彩张扬的名牌鞋子，侧边不是画着个大对钩，就是有三条线。好像根据鞋，就可以把人分为三六九等，穿的鞋决定着你的圈子、你的交友层次，决定你是“潮人”还是“土包子”。

---

① 品牌名，即卡帕，为运动及休闲服装品牌。

那时，我知道家里条件比以前改善了许多，但依然不宽裕。可我忍不住觊觎那些“显身价”的鞋子。我也想像那些同学一样，穿着一双名牌鞋招摇过市，吸引“懂行”的人的目光。至少，不要显得寒酸，不要被瞧不起。但是我也很清楚，一双那样的鞋子，最便宜的也得好几百，动辄一千，还有更贵的。这对我家来说，是一大笔钱。不要说爸妈了，那么多钱就为买双鞋，我光想想就感觉牙疼。

但是，我真的很想要一双，很想。

初二那年过年，我以即将初三要练跑步为由，拉着妈妈走进了阿迪达斯的店铺，在琳琅满目的鞋子面前假装淡定地看来看去，其实说实话心里挺紧张的。我拿起一双看起来还比较普通的，瞄了一眼价钱，嚯，七百多，怕被身边的售货员鄙视，还装模作样看看再小心翼翼地放回去；再拿起一双，咳咳，八百多，再放回去；再拿起一双，六百多，也没便宜多少……

老妈在后面紧紧地跟着，看了看这些价钱，跟我说：“闺女，这都太贵了，一双鞋至于吗？咱去别家看看吧。”我知道妈妈说的都是实话，至少对我们来说是实话。但我不死心，说：“再看看吧。”

终于找着一双六百以下的，我舒了一口气，好像看见了一线希望。我试了又试，走了又走，不停地说“挺好的”，可老妈左看右看，笑眯眯地对店员说：“我们再看看吧。”我就乖乖脱下了那双鞋，依依不舍地出了店面。我知道，五百多的价位，还是很高。妈妈舍不得，我也舍不得。可是转来转去，我总想着那双鞋，心不在焉的，看别的鞋子怎么也看不上。咬了咬牙，我拉着妈妈的手，说：“妈，我就想要那双，虽然贵，但是我跑步穿，穿多点、穿久点，肯定不会浪费。”我看得到妈妈眼中的为难，但她只是叹了口气，回去给我买了那双鞋，我的第一双阿迪达斯。

提着鞋子，我心里说实话很高兴，但是高兴得很纠结。

我不知道自己那样做是不是不对，是不是太任性了，是不是给家里增加了负担……但是，现在说来都觉得可笑呢，我穿着那双鞋子去学校，好像真的感觉到它帮我涨了身价似的，说话底气都足了。不过我的这双鞋还真的立了大功，初三体育中考训练强度最大的日子里，陪着我跑过无数个八百米，跳了无数个满分的立定跳远，一直到初中毕业。

上了高中，家里条件更好了，鞋子也多了起来，发现对很多人来说，我之前想都不敢想的这些东西都是那么稀松平常，根本算不上“贵”，更不要说“奢侈”。但是，我也发现，我所处的实验班里，那些真正优秀、有理想有抱负的同学，对“牌子”并不以为意。有条件则享受品质更好、更高档的东西，从不以为荣耀；没条件呢，则选适合的，整洁舒适便好，从不以为耻。

那三年，我渐渐超脱出了这些攀比的东西，知道了“牌子”“价钱”什么的都是浮云，没有必要为这些身外的东西自卑。尤其是在高三，那些为了高考奋斗的日子里，我更是明白了，我的未来全掌握在自己的手里，关键在于我是不是足够努力，成绩是不是足够好。穿什么牌子的衣服、什么牌子的鞋子，再贵又有什么意义啊？除了那些还在幼稚地拿自己爹妈的血汗钱涨自己身价，却不知道练一身真本事的人，又有谁会在乎？

攀比的这些东西，什么也说明不了。我总不能拿双鞋当答卷，考进我想去的大学吧？

后来，我进了北大，发现在这个地方攀比几乎不存在。同学们来自天南海北，都是各个省区的尖子生，家庭条件参差不齐，却很少有人在意“牌子”“价钱”，更没人拿这个说事。燕园里聚集的都是为自己的理想埋头读书、做事的人。大家都明白，以后的好生活要靠现在的努力去挣；而靠爹妈的钱到处显摆，实在算不得英雄好汉。

前几天看到了这样一个故事：衣着时髦、用着最新款手机的男孩，带着穿着有些寒酸的爸妈径直走到耐克柜台，一定要买一双一千五百元的鞋子。爸爸简直要翻脸，吼着：“一双鞋要这么多钱！不如去抢劫好了！”妈妈有些胆怯，抚摸着那双鞋，为难地看着儿子，男孩却只是漠然地打定了主意。最后，这对父母咬了咬牙，还是给儿子买下来了。男孩得意地提着鞋晃荡了出去，好像提着的不是爸爸妈妈下了很大狠心才买给他的一双贵重的鞋，而是一个几元钱的煎饼。

我看了这个故事，心疼那对含辛茹苦的父母，也想到了初中的时候自己拉着妈妈买鞋的经历。唉，想来好心酸。那时候爸妈挣点钱多不容易，我竟然还和同学比鞋子，真的是不够懂事。

现在的我，对攀比算是认识清楚了。

爱美之心人皆有之，追求时尚也是人之常情。所有根据自己的爱好和经济能力选择商品的行为，都没啥错。家里如果条件很殷实，愿意多花钱买好的，享受得起更高的待遇，这都挺好的。但是，如果升级成了攀比，买东西为的不是满足自己的实际需求，而是为了喂饱虚荣心，那就不太好了。山外有山，再富裕，也永远存在比你我买得起更多奢侈品的人，攀比哪有尽头呢？比来比去，有啥意思？再者说，那钱又不是咱们自己挣的，是爸妈的辛苦钱，拿来挥霍，给他们增加经济负担，还是不太合适吧。

其实，内心越孱弱，才越需要身外的东西粉饰自己的强大。真正有内涵的人，从来不需要用攀比这种幼稚的行为来夸大自己的实力。就像武林高手往往隐姓埋名、穿着朴素，摘花飞叶也可以一招制敌。

所以说，大家不要再攀比了吧。

04

TONGWANG LUOMA DE LU

QIAN WAN TIAO

未来

追逐梦想的脚步
不停歇

面对挫折、失败怎么办？自我接纳与“成长型思维”

现在失败不要紧，继续努力，未来有一天就可能成功。这就是典型的“成长型思维”！

首先我要问你几个问题：你喜欢现在的自己吗？

你是否曾经在某些时候感到自责、懊恼，甚至觉得自己简直糟透了、根本一文不值呢？

其实我们每个人都或多或少地会产生这样的感觉，可能是在某一次考试考砸了之后，可能是在被身边的朋友冷落或者拒绝的时候，也可能是在和父母吵架吵得天崩地裂后，又或者是失去了你很喜欢的人时……

这种种生活中的挫折和关系里的伤害，就可能会引出我们心中那个小小的声音：是我不够好，是我不值得，是我不配……

这些声音呢，往往会加重我们的挫败和难过的感觉，伤害我们的自信心和自尊心，甚至是影响到我们面对生活、克服困难的勇气，是很危险的声音。

这么一听有这样的感觉是不是一件很坏很坏的事情，是我们一定要全力去避免的呢？哎，先别急着给它下定论。

其实有的时候，我们会产生这样的感觉，可能是一件好事情——它可能是因为我们对当下的状况非常不满意，也就意味着，我们对于更好的解决方案有强烈的追求和渴望。

比如说考试没考好，我们感到很失落挫败，不是正说明我们希望能够考得更好吗？所以每一份对自己的失望、责怪和不满的背后，是我们对于自己的期望、一种积极向上的追求，是源自于很美好的情感。

但是，我们所追求的目标越高越美好，当这种期望和追求落空的时候，我们内心失落和痛苦的感受就越深刻，如果积压太多、太久，无法开解，就有可能会让我们的心灵生病。

我身边就有几个非常优秀的朋友，他们可能考上了北大、清华，申请到了国外的全奖博士，可是他们却很不快乐，甚至还有抑郁症的情况，让人感到心疼不已。如果和他们深入地交谈，就会发现，从来都优秀的他们对于自己的人生有着完美主义式的追求：他们希望自己学习是最好的，科研论文发得要很多很顶级，工作的话赚钱也要赚得最多。总之，他们希望自己方方面面永远是最优秀、最耀眼的那一个。

但是，如果人生是一场马拉松，有谁能做到一直冲在第一个呢？更何况生活的跑道是复合式的，人无完人，这条道上的第一名可能是那条道上的倒数，这本来也没什么奇怪的。

可难就难在，接纳那个不完美的自己。

所以面对生活中大大小小的挫折、失败，我们要做的第一件事情，就是试着放下“我要把每一件事情都做到最好”的执念，接纳我们自己是一个有短板、会犯错的正常人。

而有短板，或者犯了错误，并不能否定我们作为一个人的优点和价值。给自己一份接纳和允许，没什么丢人的。

这么去思考问题，你会发现自己好像一下子轻松了许多。

曾经的我也是一个追求完美主义、爱跟自己较劲的人。毕竟“咸鱼翻身”考上了北大，自我感觉还是非常良好的。可是没想到从迈进北大的校门开始，我就从曾经的“学霸”尖子生，变成了被各省状元碾压的“学渣”。

就这样，我心理压力特别大，每次考试前都会复习到崩溃，然后再哭着给我老妈打电话，表达自己肯定考不好的消极念头。

那时我老妈会跟我说；“你把对自己的期待放低一点儿，你会不及格吗？”

我想了一下，回答：“好像不会。”

“那你哭什么呢？能及格，能毕业，这不是挺好的吗？”

我又会说：“那我光及格怎么行，别人都考那么好，我考这么烂……”

老妈又会说：“你跟别人比什么呢，人家是省状元，本来就是‘学霸’苗子。再说了，你这天天又是学生会、又是玩轮滑的，你的体验不比那些天天只是埋头学习的同学丰富吗？你在那张期末考卷之外的收获，一点儿也不少啊！”

哎，听到这儿，我好像就感觉好了很多。

是啊，每个人都是独一无二的生命体，我可能在写论文和考试上比不过有的同学，但是我在生活、社交、学生工作等方面，体验更多、收获也更大，锻炼也更多，能力也就会更强——至于以后走入社会，谁会管你大二必修课的成绩是 80 还是 90 呢！

我就接纳自己是个北大里的“学渣”，但是在其他维度上去努力提高自己，有什么不可以呢？

想开了，我感觉轻松了好多，再去复习心情也平静了，考完试再去办社团或者去学生会工作，心里也更加坦然。

所以你瞧，号称“北大学霸”的姐姐我，在很多方面也会经历人生中的滑铁卢，这没什么可怕的，不论什么时候，心态一定要好，这是我们克服困难的前提。

那么我们说完了第一步，接纳自己的不完美，这就结束了吗？

当然不是，如果我们停留在“接受”这个层面，不好的地方我们都接受，那么不是就失去了进步的动力，成了止步不前的最好借口了吗？

那么怎样才能既接纳自己，又能持续进步呢？

答案就是，运用“成长型思维”。

“成长型思维”这个概念是由美国斯坦福大学教授卡罗尔·德韦克提出的。她认为人的思维模式有两种，一种是固定型思维，另一种就是成长型思维。

她这个理论的灵感来自芝加哥的一所高中的成绩单。在这所学校，学生在毕业前如果有课程没及格，成绩单上显示的是“暂未通过”，而不是“不及格”这样的字眼。卡罗尔马上感到，这个“暂”字很绝妙，表达出这个不及格只是现在的一种暂时状态，并不代表这个学生“完了”，而是暗示着只要他继续努力学习，就会有通过的一天。

现在失败不要紧，继续努力，未来有一天就可能成功。这就是典型的“成长型思维”！

那么和成长型思维相对的，“固定型思维”指的就是遇到挫折和失败后，就认为是我们的根本能力和品质不行，脑子不好用，或者就不适合做这样的事，以后也不会有什么改观，所以就干脆放弃努力了。

我们可以想象，在生活中，抱有哪一种思维方式的人会更容易达成目标、获得成功呢？当然是拥有成长型思维的人。

所以面对失败和挫折的时候，首先接纳当下的这个不完美的自己，然后把它当作困难和挑战，努力去面对它、克服它，这是比较积极健康的心态，也是我们要努力去获得的心态，更是一种真正对自己负责的心态。

2020 年年初新型冠状病毒肺炎疫情在全世界暴发。在这样的疫情笼罩下，每个人的身体和心灵都在经受着巨大的考验，从前线的医护人员和他们的家人、运送物资的志愿者们，到宅在家隔绝病毒传播的我们自己，都或多或少地会感受到焦虑、悲伤，甚至是愤怒的情绪。

在这个过程中，不同心态的人也会获得不同的感受。

我们可以一起想一下，抱有固定型思维的人会怎么面对疫情发展中的一些突发情况呢？大概是抱怨、指责居多吧，但是真要让他去做点实事，他可能就会觉得：我不行，这些办事的人也不行，大家都不行，所以就坐以待毙吧。这种态度非常消极。

但是如果是抱有成长型思维的人呢，会怎么想？当然是调动自己和身边人的力量，去努力解决问题了。他们可能在联系国外的物资捐赠，可能在宣传科学的防疫办法，甚至也可能他就是前线战斗的医护人员，用自己的血肉之躯为老百姓守住一方平安。

在这样的大难面前，你我可能做不了什么惊天动地的大贡献，但是怀着一份“努力就会变得更好”的信念，并力所能及地提供支持，是特别重要的。

冬天总会过去，春天也会到来，等重大的历史事件慢慢尘埃落定，生活回归平静，我们每个人都会自然地把目光收回到自己身上，在每一天的平凡生活中寻找价值和继续向前的动力。

希望那个时候，我们都可以拥有接纳自己的能力和不断进取的成长型思维，看到并允许当下的自己有所不足，也期盼未来的你我都可以更好。

大学就是这个样——学习篇

到了大学，我们不能再被分数牵着鼻子走，而应给自己留出一些余地，花些功夫在自己真正感兴趣的地方，努力在课堂之外进行更加深入的阅读和研究。

记得上初中时，班主任最爱说:“趁现在老师还愿意管着你们学习的时候，赶紧好好学啊！等你上了高中，上课听不听、作业写不写的，老师才不管你呢！”老师以“威慑”为目的的话，在我们听起来却很幸运:哈，老师不管我们了，那不成了自由王国了！

可是，现实总比理想残酷，高中依然管理严格。于是，当高中老师“故技重演”，告诉我们，大学里学习全是靠自觉，没有人会督促我们的时候，我有点不太相信了。

大学到底是什么样的呢？从上中学开始，因为中考和高考两座大山，学习压力便大起来，我们对于人们口中轻松、快乐的大学生活便充满一种无限向往之情。那是不用写寒假作业和暑假作业、不用天天学习、没有压力的自由乐园吗？是可以随便选择自己喜欢的课程，不再需要为了分数拼命的学术殿堂吗？是男生女生的交往不再有任何限制，可以尽情地和自己心仪的对象谈情说爱的浪漫之所吗？……

上了大学我才感觉到，大学其实是这个样的。

大学，仍然以学习为主，而大学的学习，可以很自在，也可以很辛苦。经过了高考的“凤凰涅槃”，大部分同学都期待着从大学起彻底摆脱高中的“应试教育”，选择自己喜欢的专业、听听自己喜欢的课程、做做自己感兴趣的研究，然后轻轻松松拿一个有含金量的学位。这个愿景自然是好的，不过却不完全是现实，至少在一流大学是如此。

首先，选择自己喜欢的专业，这并非每个同学都可以实现。一方面，不是所有同学都清楚地知道自己到底喜欢什么，于是只好随大溜地选择了热门专业，在真正开始上课之前都未必知道这个专业是否适合自己。另一方面，在高考中成绩优秀的同学自然有很大的选择空间，想上哪儿就上哪儿，可是对于广大成绩中等的同学而言，很多时候不是我们在选择学校和专业，而是学校和专业选择我们。搞不好，还很可能被调剂到一个自己完全没有兴趣的专业去，四年面对着不喜欢的内容苦读，岂不是很悲惨？

这是专业选择上残酷的一面，但是大部分同学还是可以借着这个与中学完全不同的入学体制，进入感兴趣的专业学习。即使在入学时没能如愿进入理想专业，在以后的日子里还可以通过转专业、辅修或双学位的方式“转行”。相较过去“几门功课同步学”，管你喜欢不喜欢的境况，是要幸福得多的。

应了高中老师的话，我在北大感受到大学学习的一个最大特点，就是自主。

选课是自主的。虽然每个学期各个院系都会有老师们精心安排的推荐课程，不过基本每门课都有多个风格迥异的老师可供选择，无论你是喜欢严肃认真派还是风流恣意派，是偏爱激进型还是保守稳健型，北大都可以满足你的需要。除了本院系的课程之外，还可以选择众多的非本院系开设的“通选课”“公选课”和“大类平台课”。艺术、文学、心理学、社会学、经济学、生物学、天文学、跨文化交流学、新闻学……可选科目应有尽有，几乎是“只有你想不到，没有你听不到”。怎么样，垂涎欲滴了吧？

除了选课之外，听课从某种程度上来讲，也是自主的。上了大学才发现“逃课”这种事情有如此大的普遍性。某门课必选，但是实在无聊至极，又学不到什么东西，不如自己看会儿书？果断逃！某门“水”课上课时间太早，一早起就头痛、胃痛、腿抽筋？逃！某门不是非常重要的课和自己实在不愿意错过的活动冲突？逃！……想上课就去，不想上课就可以不去，老师不会和你斤斤计较，怎么样，这样的生活很诱人吧？

听课自主还不算，课下学习更是完全自主的。勤奋的老师一学期会留两三次作业，而更多的老师则只要求期中交一篇论文、期末进行一场考试，计入总成绩，平时并不会布置作业。没有了每天规定的复习内容，没有了三天一小考、五天一大考的“滚雪球式”知识检测，平时如何巩固老师课上讲的知识，花多少时间用来复习、预习、整理笔记，完全靠自觉主动。

在上大学之前，我以为，这样的大学生活就很轻松自在了，不会再感到巨大的心理压力。然而，真正在北大开始读书学习才明白，放松并不意味着放纵，获得自由并不代表可以松懈。虽然日常管理不再死板，但是要想在大学中获得不错的学习成绩，也是要付出很多的辛勤劳动的，压力也并不小。

大学的压力来自哪些方面呢？首先是毕业的压力。众所周知，要想本科毕业获得学位，就要求我们每一门都得到及格以上的分数，如果平时太过松懈、毫不用功，或者逃课太多、出勤率太低，期末考试便会面临挂科的危险。因此对自己最低的要求，也必须是门门课都及格。

我在北大的经验是，及格对大部分同学来说并不是什么挑战，也根本算不上目标。更大的压力来自升学考研和就业。以我所在的中文系为例，本科四年后的归宿无非是国内读研、出国读研或者工作。在社会对学历的要求水涨船高的情况下，仅仅拥有本科学历在求职中是不占优势的，因此大部分人选择读研。如果读研的话，对本科四年的学习成绩便有一定要求，越好的研究生专业竞争越激烈，对成绩要求便越高，压力也随之而来。统一考试、择优录取，和高考的本质也差不了太多。这便要求我们尽自己所能将每一门选了的课学好，得到较高的分数，以获得更好的深造机会。

但是，如果一味地汲汲于分数、为了成绩而学习，那么便又会掉回“应试教育”的怪圈中，大学四年就变成了和中学生活无异的延续，失去了它本身的魅力和价值。

正如荀子所言：“古之学者为己，今之学者为人。君子之学也，以美其身；小人之学也，以为禽犊。”说的是古代的学者为提升自身修养而学习，而当代人却为了做给别人看、为了追名逐利而读书。经过一年的总结和调整，我认为在大学极端自主的学习情况下，学习的最大动力还是应该来自自身对汲取知识的渴望，对这个世界未知领域的好奇，对更好的自己的追求，以及对自己的未来负责任的态度。有了这样积极健康的心态，便可以看淡分数和成绩，而看重在学习过程中真正内化于心中的收获。

当然，成绩也是很重要的，但是到了大学，我们不能再被分数牵着鼻子走，而应给自己留出一些余地，花些功夫在自己真正感兴趣的地方，努力在课堂之外进行更加深入的阅读和研究。

大学就是这个样——生活篇

我看到的和体会到的北京大学的学习生活，和我中学时的想象有不同，也有吻合，不过落差并不是很大，总的来说还是非常舒心的。

从每天一门心思搞学习的中学骤然解脱，进入大学这个全新的环境中，除了学习模式之外，日常生活也会发生天翻地覆的大变化。

大学与中学相比最特别的地方，便是恋爱热度的骤然上升。

刚上大一我便接触到了一个新词，叫“脱光”。可不要往邪恶方面想，这个“脱光”指的是“脱离光棍儿”。大一伊始，“脱光”便成了第一热门话题，相配套的活动也应接不暇：第一个学期便有各个院系联谊举办的新生舞会，紧接着有给男生准备的 11

月 11 日“光棍儿节”，来年便有 3 月 7 日“女生节”。在大学中，恋爱可以光明正大，不必遮遮掩掩，可以丰富我们的生活，获得爱情的甜蜜、幸福的体验。但是因为大学的同学们往往来自不同的省市，生活环境和背景也可能有很大差异，因此大多数在大四毕业时就要面临很多困难。

大学校园里的恋爱没有中学的情感那么单纯稚嫩，也没有很多现实功利。不过既然涉及与人相处，自然最重要的是要用真心。但是，因为毕竟年龄还小，以后的变数不可预测，看着本来甜甜蜜蜜的学长学姐闹分手闹得天翻地覆，便感觉对于大学的恋爱大可不必较真，更不应该因为恋爱耽误了学业、影响了正常的朋友圈子。

大学的人际交往也与过去大为不同。在大学中，课程都是大家自己选择自己感兴趣的上，所以一个班的同学不可能像过去那样，每天都以相同的布局坐在同一个教室里学习同样的内容。就像我们，同一个宿舍的四个人还经常选课选不到一起去，每天各自拖着课本奔波于教学楼和教室之间。这样一来，我们的班级意识自然淡薄了很多，没有以前那样团结了。不过，因为天天住宿，我和宿舍里的三个姐妹关系都非常亲密，很幸运地交到了几个好朋友。和其中一个来自内蒙古的女孩更是兴趣相投、脾气相合，成了非常好的闺密。

说到宿舍生活，从来没有住过宿舍的我花了不少时间才真正适应。因为大家都来自天南海北不同的省份，小云来自广东，橙子来自内蒙古，小欣是山东人，彼此的学习习惯、作息习惯、饮食习惯都不尽相同。有时候相约一起出去聚餐，小云会感觉菜有点咸，小欣会更喜欢素食，橙子不爱吃太甜的东西，而我则不吃海鲜，真是众口难调；有时候晚上到了我的正常睡觉时间，但是习惯了“开夜车”的小云会点着应急灯继续奋战到很晚，让习惯了在黑暗中安静休息的我很不适应；有时候生活规律、勤奋刻苦的小欣的闹钟会早早响起，不小心吵醒爱赖床的另外三人的美梦……这种种差异，如果处理不好，很容易引起矛盾，影响同学关系，影响正常生活。不过，在我们宿舍，这些问题都得到了很好的协调和解决，因为每个人都在努力宽容一些，包容别人的小缺点，原谅别人的小错误，同时互相理解、互相迁就，在可以接受的范围内改变自己、接纳他人。这样一来，我们四个便可以“求同存异”，带着彼此相异的生活习惯，和谐地在宿舍中相处。

当然，除了本专业的、同级的同学，我们还有机会能认识很多师兄、师姐，甚至是其他专业的朋友们。我一向是个爱凑热闹、爱交朋友的人，在大学中，各式各样的学生社团、学生组织便成了我最好的去处。

大一的第一学期，我就参加了好几个组织：出于对传媒行业的兴趣与好奇，我加入了北京大学新闻网记者团；在中学直系师兄的忽悠下，为了锻炼自己的办事能力，我加入了校学生会文艺部；因为热爱篮球，我加入了系女篮队；因为想学乒乓球，我加入了系乒乓球队；因为想从事公益事业，我加入了系支教队。在大一第二学期，我还兴冲冲地加入了轮滑协会，并成了一名小骨干。讲到这里，如果你羡慕我的大一生活丰富多彩，那么恐怕你只看到了参加社团其中的一面。

其实大学中的社团活动也是一把双刃剑。当我被北大各个社团招新的热火朝天的“百团大战”弄得眼花缭乱，热血沸腾地一口气报了五六个社团时，并没有考虑到这些课外活动会占用多少我的业余时间，多大程度上影响我的课内学习。所以，仅仅过去几个星期，问题就开始显露了。首先是篮球队的训练和乒乓球队的训练总是撞到一起，而我又不愿周末花大部分时间打球，于是渐渐地，权衡过后我不再出现在乒乓球训练场上，悄悄地退出了乒乓球队。紧接着，新闻网的众多采写活动也给我增加了不少负担，于是我只好适当推掉一些任务，找回一些时间。文艺部每年都要举办的“北京大学校园十佳歌手大赛”活动更是重头大戏，占据了我不少个本可以学习或休息的晚上。

经过一年的抉择和淘汰，到了大二，我留在了文艺部、新闻网、中文系女篮队和轮滑协会，除了支教队的活动我有时间会参加一些之外，其他的基本退出了。而我保留的这四项中，除了文艺部，其他三项的时间都比较随意，可以根据自己的情况调整，占用的时间不是很多。

瞧，刚上大学就兴冲冲地加入了那么多社团，结果真正能待下来的并没有几个，我才真正相信了“人的精力是有限的，贪多未必好”的老生常谈。不过，参加社团虽然累，却能认识很多来自各个专业、各个年级的同学，并在活动中和他们成为很好的朋友，同时还可以很好地锻炼自己的各项能力，还是很有价值的。只是，选择社团时不必贪多，选择有兴趣、有意义的便可。在日后的学习生活中如果慢慢体会、选择，逐渐平衡好学生社团与学习、休息的关系，便可以从社团活动中获得自己想要的能力和成长。

这便是我看到和体会到的北京大学的学习生活，比中学生活更自由、更丰富，有更多选择的同时也有很多挑战和诱惑，总的来说还是非常舒心的。不知道这样的大学，和大家脑海中勾勒的是否相同呢？不过，说再多也只是我一个人的视角，每个人的大学生活都会有自己独特的色彩，所以要想知道真正的大学生活究竟是什么样子的，还是亲自来体验吧！

大学欢迎你，北大欢迎你！

关注社会现实，承担社会责任

在各种公益活动中，我能体会到的快乐真实而持久，是其他所有物质和精神活动都无法比拟的心灵享受。

在一场心理学讲座中，老师讲述了一个关于幸福的例子：在一群学历相当、收入相当、生活水平相当的人中，幸福指数最高的，不是智商最高的人，也不是挣钱最多的人，而是那些喜欢帮助别人、热衷于慈善的人。这个例子给我的启发很大，因为一直以来我都以为，幸福来自自己生活的舒适、和家人关系的亲密、和朋友相处的和谐，总之一句话："自己幸福就是真的幸福。"但是这个例子却告诉我们，真正的幸福并不来自我们自己过得舒心，相反，承担社会责任、为别人生活得好而努力，可以给我们更大的幸福感。

至今依然清晰地记得，我十岁那年在老家的山村中，跟随妈妈到乡村小学走访的经历。那是黄土高原上人数不多的一个村落，是妈妈出生、成长的地方。那所简陋的乡村小学，也是妈妈的母校。

走了很久的山路，远远听到的，是洪亮、整齐、清脆的琅琅读书声，我便知道离小学近了。读书声渐渐大起来，土墙断掉几米的地方，便是学校的门。我有些紧张地走进去，满眼看到的都是同龄的孩子，他们身上穿着灰扑扑、款式老旧的衣服，有的在尘土飞扬的小院子里踢毽子、跳皮筋，有的在低矮教室的房檐下捧着书，有的则在追跑嬉戏。

这第一眼，便让我目瞪口呆，因为这所小学与我就读的清华大学附属小学，实在是有着天壤之别：我们有像公园一样的喷泉，绿油油的草坪，各类健身设施，铺着木地板的体育馆……而他们呢？只有这个小院子，和一排低矮的平房。有的孩子定定地看了我几眼，窃窃私语了几句，便移开目光做自己的事情了。

我小心翼翼地挪动步子，想走到教室里去看看。即使是在那样阳光晴好的白天，因为窗户少、采光不好，教室里仍然是昏暗的。教室前面挂的黑板，看上去就是一块涂了黑色油漆的木板，斑斑驳驳、破旧不堪。再看看他们的桌椅，都是老旧的木头桌椅，一碰便晃晃悠悠，好像随时都有散架的危险。教室里三三两两坐着几个孩子，见我进来，都扬起脏脏的小脸盯着我看。空着的桌椅上放着他们的书包——是他们的妈妈用碎布料缝制成的非常简易的挎包，和因为翻看了太多次而掉皮、卷页、泛黄的书本。我脑海中忽然浮现出我的学校宽敞明亮的教室、每个班配备的大电视屏和投影仪、光滑平整的墨绿色黑板、可调节的结实的桌椅、图书角看不完的装帧精美的崭新的课外书……怎么和我眼前的这幅图景，无论如何也对不上号呢？它们，真的都是小学吗？

小小的我还不懂思考如何解决什么教育资源不均衡问题、什么农村人口贫困问题、什么乡村孩子读不上书的问题。我只是想到我们有着差不多的年纪，却有如此不同的学习条件，感觉心里酸酸的、涩涩的，很不是滋味。

后来我慢慢长大了，老家的小学也因为“撤点并校”不复存在。但是关于它的这份记忆却一直深深扎根在我的心里，让我在享受优越的城市生活之时，时刻挂念着在祖国的偏远地区，有无数个像我去过的乡村小学一样破旧，甚至条件更简陋的学校，还有数不清的孩子和我一样渴望学到知识，却没有好的老师可以讲课，没有好的书本可以阅读。

其实，一直以来爸爸妈妈都很愿意帮助别人，即使在自己经济最困难的时候，也会把家里不用的衣物和书籍寄回老家。那次走访乡村小学之后，我也加入了收集废旧书籍的行列，隔三岔五地就会帮爸爸妈妈把不会再看的书收好，寄的时候也老要跟着，仿佛这样我就可以为家乡没有书看的小朋友们献出一份最大爱心。当然，事实上我们一家人的力量是微不足道的，但是如果有很多个家庭能像我们一样愿意做哪怕是最微小的“慈善”，那就将汇成爱心的长河，给需要帮助的人以莫大的支持。同时，我也真切地感受到了帮助别人的快乐。

那时的我还没有听过鲁迅先生的名言：“无穷的远方，无数的人们，都与我有关。”更不能领会其中蕴含的“铁肩担道义”的精神内涵，但是我却惊喜地发现，当我寄出一个爱心包裹，想象着家乡的小朋友收到它时开心的样子，我的嘴角也会扬起一丝微笑，由衷地感到满足与幸福。

上了高中，这份情怀我依然铭记，于是每当有捐献活动我一定冲在前面参加，还跟随学习社团去明园希望中学和那儿的同学们一起过节。我和一位腼腆的女孩子交换了礼物和贺卡，还为他们表演了刚学来的小魔术，赢得了一片喝彩声。在那里我过得很开心，因为他们虽然生活在和我们不一样的环境中，却有着和我们一样年轻、朝气、充满活力的心。能为他们带去一些欢笑和惊喜，是我的幸福。

在大学，我也在第一学期便加入了中文系的支教队，几次去昌平区的振华希望小学参加支教活动。支教队的同学们都非常热爱这项事业，虽然每次去支教都非常辛苦，为了提早出发吃不上午饭，来回的车程要四个多小时，但是没有人有怨言。印象很深的是，一位学姐在公交车上颠簸得疲惫不堪，气色都有点不好了，可是一站在小学的讲台上，马上神采飞扬、精神抖擞，讲课专注而投入，我们都被她感染了。因为担心自己的经验不足，那时的我还没有正式走上讲台讲过课，只是和孩子们坐在一起旁听、维持秩序。但是即使这样，孩子们看向我们时期待、信任的目光，还是给我留下了非常深刻的印象。

“铁肩担道义，妙手著文章”是我们北大中文系的系训，铿锵有力，掷地有声，印在每一件系衫上，也印在我们每个人的心中。

我想，大大小小的公益事业，我一定会一直坚持做下去。关注社会现实，承担一定的社会责任，这是我们每个有余力的人的义务。就像钱文忠先生在崔永元公益基金乡村教师培训班开班仪式上所讲的那样：“无论我们站在多么光明的地方，都不要忘记，有很多人还生活在黑暗中。”

忠于理想，面对现实

别忘了心中的梦，即使现在不得不为了现实暂时放下它。或许有一天，我们寻寻觅觅之后，会发现其实最初的理想就是我们幸福的归宿。

小时候，我们大都有过各种各样的理想：成为一名专注于实验与研究、为人类技术进步做贡献的科学家；当一名穿着帅气制服、可以在天空自由翱翔的飞行员；做一位在舞台上、荧屏中光鲜靓丽、魅力四射的大明星；或是一位受人尊敬、传道授业的人民教师。我小时候的理想，是做动物园饲养员，或是养上好多只小狗，再后来是开一个动物收容中心兼宠物用品店，最崇高的理想便是做一位“环保斗士”。总之，我小时候的所有梦想，都与大自然有关。

但是随着年龄的增长，我渐渐发现，现实与理想往往有很大的差距。如果我追随理想从事环保事业，那么收入何来？我要怎么在这个竞争激烈、物价飞涨的社会里生存下去？于是，我在一日一日为了高考打拼的岁月里，渐渐淡忘了我最初的梦想，变得实际了，找到了更符合现实的职业理想。

上了大学，在一门通选课上，一位老师和她的“战友”们坚持为环保理想而战斗的经历让我忽然热血沸腾，又激起了过去的雄心壮志，心里充满了惋惜与伤感，同时也重新拾起了追求理想的决心。

第一眼看到吕植老师，我见到的并不是她本人，而是在“保护生物学”这门课的第一堂课上播放的，老师跟随潘文石老师在秦岭研究大熊猫的纪录片。

那时老师还是个青春稚嫩的研究生，出于对生物、对自然的热爱，她选择离开生活条件优越的城市，到秦岭从事大熊猫的研究。大山中条件艰苦、危险重重，但是纪录片中的她，身着牛仔夹克、运动裤和登山鞋，跟随着大熊猫留下的隐秘踪迹在密林中灵巧地穿梭，时不时回头向摄像机笑一下。老师的笑容深深感染了我，一个人在全身心地投入自己热爱的事业时，绽放的应该就是这样的笑容吧。同样热爱生物、热爱大自然的我，顿时对吕老师生出一种既敬佩又羡慕的感情。

当视频播放完，老师走上讲台。她说：“很多东西都可以用金钱去衡量，但是没有经济价值的东西，往往也更为珍贵。”这“更为珍贵”的，当然是自然界本真原始的、未经开发的状态，看似没有价值，却是一经破坏便再也无法复原的宝藏。吕植老师还引用美国作家梭罗的话“Nature’s a spiritual temple and should be preserved for its own sake and its spiritual value”①告诉我们，保护大自然最正确的目的应该是最单纯、不具功利性的，不是现在留下以便日后可取所需，而是为了它作为心灵归宿的独特价值而希望永久地保全它，不去破坏它原有的样子。

在这门课上，我了解了世界环境令人担忧的现状和严峻的发展形势，还有许多环保志愿者为将环保与经济利益合二为一、增加民众的环保动力而做的努力。我看到了，环保刻不容缓，也看到了推行一项环保事业的困难。但是，我更深知，无数环保人士，正怀着对人类未来深沉的忧虑，怀着一颗对自然虔诚的热爱之心，肩负着警醒沉浸于纸醉金迷之中的世人的沉重使命，不遗余力、默默无闻地为环境保护事业奉献着全部的精力与心血。

每每想到这里，我不禁热血澎湃，在磨砺中渐渐平息了的对环保的热忱和保护自然的责任感忽然全部涌上心头。我记起，在看到纪录片报道大面积的森林被偷伐时，年幼的我曾义愤填膺地给电视台打了一通电话，说着说着泪流满面；我记起，在读完《狼图腾》后我对农耕破坏草原的深省，以及到内蒙古旅游看到大片沙化的土地时，我倔强地决定：我要想办法阻止这样的事情再发

① 大自然是一座精神殿堂，应当为了它本身和它的精神价值。

生；我记起在高中语文课上，讲到为环保奉献一生的梁从诫时，我站起来想发言，却哽咽得一句话也说不完整；我记起在看过渔民直接把活鲨鱼的鱼翅齐着脖子割掉，再扑通一下把鲨鱼扔回大海、任它们流血致死时，自己曾在网上发出了“谁吃鱼翅，就和他势不两立”的宣言。

那份激情，那份决心，那份愤怒而后强大的冲动，多久没有体会过了？于是，虽然知道从事环保事业要经历种种磨难，但我还是暗下决心，有朝一日也会在吕老师的感召下，加入环保卫士的队伍，为环保事业注入一股新的力量。

找回了对理想的激情，但是现实的残酷还是没有改变。中间这个平衡，要怎么找呢？

记得高中时，很熟悉好利来董事长罗红的故事。十七岁就开始外出谋生的罗红，最初的理想是摄影。在那个经常吃不饱饭的年代，相机绝对是一种奢侈品，但是做照片冲洗员的他用攒的第一笔钱，毫不犹豫地买了一台理光相机。现实是残酷的，一个毫无名气的业余摄影家的生活来源从哪里来呢？理想几毛钱一斤，能当饭吃吗？显然是不能的，于是罗红抓住了人们的需求进入蛋糕行业，并将企业做大、做好。不过，与很多“掉进钱眼儿里”、事业越成功就越不满足、花越多的时间挣钱的人不同，罗红在好利来事业稳定以后，便做了“甩手掌柜”——将公司交给团队打理，而自己则背着心爱的相机，走南闯北地继续他的“摄影梦”。现在的罗红，是企业家兼摄影家、中国摄影家协会会员，是一个

“理想”与“现实”双丰收的幸福的人。

在这个意义上，采取“迂回战术”追求梦想的罗红，是我的榜样。

或许，在追求理想的路上，如果理想本身就是战胜现实的法宝，可以在给我们带来激情的同时也能给我们财富，那么无疑是最好的。但是如果理想与现实是冲突的，追求理想的路太过艰难坎坷又注定不能满足生活需要，那么最勇敢的人会选择义无反顾地坚持，而即使没有奉献全部人生的魄力，也至少应该在心里留一片给理想的净土，在生活中留一些给理想的时间，在生命里保存对理想的渴望与实现理想的潜能。

坦诚地说，我没有勇气义无反顾地抛下关于物质需要、生活条件的所有考虑，去踏上环保的道路，而只能先保证自己衣食无忧，然后尽自己最大的努力为环保事业做贡献。

也许我会成为一名记者，那么我一定极力通过我的报道让更多的人明白环保现状；也许我会成为一名图书编辑，那么我一定会努力编出能让大众接受的环保书；也许我会进入某个企业，那么我也一定会关注自己公司的环保问题，尽量阻止环境污染的扩大；也许我会成为一名公务员，那么我会以身作则，影响我身边的人，为环保政策的制定与推行助一臂之力……

切·格瓦拉曾说过：“让我们忠于理想，让我们面对现实。”当理想与现实矛盾，我们不能逃避现实做一个“空想家”，因为我们一定有社会责任和家庭责任要承担；但是我们也不能就此放弃理想，因为没有理想、没有激情、没有追求的生活，将会是空洞乏味的。

别忘了心中的梦，即使现在不得不为了现实暂时放下它。或许有一天，我们寻寻觅觅之后，会发现其实最初的理想就是我们幸福的归宿。